U0198095

中等职业学校以工作过程为导向课程改革实验项目

动画设计与制作专业核心课程系列教材

CG设计

陈学华　孙海曼　主　编

机械工业出版社

本书是北京市教育委员会实施的"北京市中等职业学校以工作过程为导向课程改革实验项目"的动画设计与制作专业系列教材之一,依据"北京市中等职业学校以工作过程为导向课程改革实验项目"动画设计与制作专业教学指导方案编写而成。

本书对应中等职业学校动漫游戏专业开设的CG设计课程,CG设计课程是根据动漫专业典型职业活动必备知识和能力分析整合的专业课程,有较强的基础性、客观性、科学性和艺术性。

本书以CG设计的项目为载体,通过具体项目实施的具体任务展开教学内容,通过前期基础课程的基本知识与技能,对CG设计的具体项目的设计与实现进行学习、锻炼CG设计的技能与技法,为学习二维动画、三维动画制作等课程奠定基础。本书还配有随书光盘,其中包括每个学习单元的源文件、项目拓展的素材、手绘线稿等,供读者更好地使用、学习,也可以作为教师授课的素材。

本书可以作为中等职业学校动画设计与制作专业的教材,也可以作为动画制作爱好者的自学参考用书。

图书在版编目(CIP)数据

CG设计/陈学华,孙海曼主编. —北京:机械工业出版社,2014.11
中等职业学校以工作过程为导向课程改革实验项目
动画设计与制作专业核心课程系列教材
ISBN 978-7-111-47679-5

Ⅰ. ①C… Ⅱ. ①陈… ②孙… Ⅲ. ①三维动画软件—中等专业学校—教材
Ⅳ. ①TP391.41

中国版本图书馆CIP数据核字(2014)第187351号

机械工业出版社(北京市百万庄大街22号 邮政编码100037)
策划编辑:梁 伟   责任编辑:秦 成
版式设计:赵颖喆   责任校对:佟瑞鑫
封面设计:路恩中   责任印制:乔 宇
保定市中画美凯印刷有限公司印刷
2014年10月第1版第1次印刷
184mm×260mm · 10.25印张 · 221千字
标准书号:ISBN 978-7-111-47679-5
定价:43.00元

编 写 说 明

为更好地满足首都经济社会发展对中等职业人才需求，增强职业教育对经济和社会发展的服务能力，北京市教育委员会在广泛调研的基础上，深入贯彻落实《国务院关于大力发展职业教育的决定》及《北京市人民政府关于大力发展职业教育的决定》文件精神，于2008年启动了"北京市中等职业学校以工作过程为导向课程改革实验项目"，旨在探索以工作过程为导向的课程开发模式，构建理论实践一体化、与职业资格标准相融合，具有首都特色、职教特点的中等职业教育课程体系和课程实施、评价及管理的有效途径和方法，不断提高技能型人才培养质量，为北京率先基本实现教育现代化提供优质服务。

历时五年，在北京市教育委员会的领导下，各专业课程改革团队学习、借鉴先进课程理念，校企合作共同建构了对接岗位需求和职业标准，以学生为主体、以综合职业能力培养为核心、理论实践一体化的课程体系，开发了汽车运用与维修等17个专业教学指导方案及其232门专业核心课程标准，并在32所中职学校、41个试点专业进行了改革实践，在课程设计、资源建设、课程实施、学业评价、教学管理等多方面取得了丰富成果。

为了进一步深化和推动课程改革，推广改革成果，北京市教育委员会委托北京教育科学研究院全面负责17个专业核心课程教材的编写及出版工作。北京教育科学研究院组建了教材编写委员会和专家指导组，在专家和出版社编辑的指导下有计划、按步骤、保质量完成教材编写工作。

本套教材在编写过程中，得到了北京市教育委员会领导的大力支持，得到了所有参与课程改革实验项目学校领导和教师的积极参与，得到了企业专家和课程专家的全力帮助，得到了出版社领导和编辑的大力配合，在此一并表示感谢。

希望本套教材能为各中等职业学校推进课程改革提供有益的服务与支撑，也恳请广大教师、专家批评指正，以利进一步完善。

北京教育科学研究院

2013年7月

本书依据"北京市中等职业学校以工作过程为导向课程改革实验项目"动画设计与制作专业教学指导方案编写,以插画应用范围的主要典型CG设计为载体,通过设计与绘制杂志书籍插画、设计与绘制广告宣传插画、设计与绘制游戏宣传插画、设计与绘制商品包装插画4个不同层次与应用的项目展开与呈现。

本书在编写过程中,根据企业实际工作过程对整体内容进行规划,选取工作中最为广泛和具有代表性的CG设计类型为主要内容,避免书中内容与企业岗位实际工作需求脱节;把握书中案例作品的整体风格与时代同步,保证内容的与时俱进。本书的特点:

1)根据企业实际工作过程,选取具有代表性的CG设计内容,合理编排形成覆盖课程标准知识与技能要求的典型项目,低起点、小台阶、循序渐进地安排项目中的任务。

2)以图片形式呈现全部绘制过程,力求细致入微,不丢掉任何一个环节或细节,令读者有似曾相识的亲切感,利于使用与阅读。

3)每个学习单元都是一个相对独立、完整的工作过程,按照内容上并列、技能上递进的方式展开学习单元、项目与任务,突出项目应用性特色。

4)项目评价方式的选择注重过程性评价,读者完成任务后,可以准确评价学习与实践的效果,指导读者更好地把握重点,学会CG设计的技能与方法。

学习单元1选取较为简单的儿童书刊插画及儿童绘本的设计与绘制作为主要内容,通过完成儿童书刊插画及儿童绘本任务学会基础的CG设计创意与表现方法;学会创意思维,自主创作;对绘制技巧进行初步探索;明确儿童书刊插画及儿童插画的语言与绘制的比例结构、规范和要求。

学习单元2选取CG设计中难度适中的广告宣传插画的设计与绘制作为主要内容。通过完成广告宣传海报的人物和场景的设计与绘制,学会准确捕捉并表现广告宣传类插画的设计与绘制技巧,进一步熟悉CG创作的基本流程,学会较为精准的构图与线条表现。

学习单元3选取较为复杂的奇幻风格的游戏宣传插画的设计与表现方法作为主要内容。通过完成游戏宣传插画的设计与绘制,全面掌握CG设计工作流程,学会处理角色骨骼构成、比例、透视关系;根据原画绘制动画人物形象五视图,创造性地表现给定造型。学会合理运用动画运动规律,绘制运动过程的分解图。

学习单元4选取商品包装插画的设计与绘制作为主要内容。通过完成商品包装插画的实际与绘制项目,把握商品包装插画颜色鲜艳、图形生动、易于修改、放大不变形不失真、适于印刷喷绘等特点。掌握商品包装插画的绘制方法,体会商品包装插画特点的CG设计魅力。

前言

本书共分为4个学习单元，建议教学学时为64学时，如下：

学习单元	内 容	学 时 数		
		实 训	考核与评价	单 元 合 计
1	设计与绘制杂志书籍插画	10	2	12
2	设计与绘制广告宣传插画	14	2	16
3	设计与绘制游戏宣传插画	22	2	24
4	设计与绘制商品包装插画	10	2	12
合 计		56	8	64

　　本书中每个任务都包含"提示""注意""小技巧"等模块，用于强调过程性内容与知识。其中，"提示"说明操作过程中的细节、参数设置等；"注意"说明操作过程中容易出现的问题；"小技巧"说明操作过程中的经验、技巧性内容。这些模块可以帮助读者在完成任务的同时掌握设计与绘制的思路与技法。通过"知识链接"模块更加全面地掌握CG设计的相关技能与知识。最后通过每个项目的"项目拓展"强化在完成任务的过程中所要掌握的知识技巧。

　　本书由陈学华、孙海曼任主编，徐超、白璇任副主编，参加编写的还有王海振、李明和赵丽岩。

　　由于编者水平有限，书中难免存在错误和不妥之处，恳请读者批评指正。

编　者

CONTENTS 目录

目录 CONTENTS

UNIT 1

设计与绘制
杂志书籍插画

本单元通过完成简单的儿童书籍插画的设计与绘制，学会基础的CG设计创作流程与表现方法，掌握创意思维，进行自主创作，并对绘制技巧进行初步探索，明确儿童书籍插画语言的运用与绘制的规范和要求。本单元从简单图像（扫描稿）开始学习颜色的定义与上色方法；进行CG绘画基础知识与基本技能的训练；知晓CG绘图的基本流程；学习CG绘画基本知识；在Photoshop中练习绘画，学习相关工具的使用方法，同时进行作品鉴赏与审美培养；在Painter软件环境下的简单造型训练。

SHEJI YU HUIZHI ZAZHI SHUJI
CHAHUA

本单元通过完成简单的儿童书籍插画的设计与绘制，掌握基础的CG设计创作流程与表现方法，运用创意思维，进行自主创作，并对绘制技巧进行初步探索，明确儿童书籍插画语言的运用与绘制的规范和要求。本单元从简单图像（扫描稿）开始学习颜色的定义与上色方法；进行CG绘画基础知识与基本技能的训练；知晓CG绘图的基本流程；学习CG绘画基础知识；在Photoshop中练习绘画，学习相关工具的使用方法，同时进行作品鉴赏与审美能力培养；本单元将在Painter软件环境下的简单造型训练。

单元目标

1）能够掌握儿童书籍插画及儿童绘本的设计与绘制的技术要点。

2）能够完成CG上色任务并符合要求。

3）学会使用Photoshop进行绘画，并能够完成绘制。

4）学会使用Painter进行绘画，并能够完成绘制。

5）具备相关工具的使用能力。

6）具备对作品鉴赏与正确评价的能力。

单元情境

本单元将以为儿童书籍《快乐家庭》绘制CG插画来进行讲解。《快乐家庭》的文字内容如下：

我住在一个小镇里，我有一个幸福的六口之家：慈祥的奶奶、幽默的爷爷、能干的爸爸、勤劳的妈妈、可爱的妹妹、还有活泼调皮的我——哼哼。

爷爷和奶奶都已经六十多岁了，每天早起锻炼身体，给我们带来欢笑。爸爸每天都要早早地出门上班，为了一家的生活而忙碌。妈妈则每天为全家做饭，整理家务。妈妈对我们是很严格的，不仅每天早晨喊我们起床，监督我们的学习，晚上还要哄我们上床睡觉，非常辛苦。

我的"家"是温馨而甜蜜的，也是我快乐的源泉。我为自己拥有一个温暖而又幸福的家，一个充满了不同性格、不同色彩的家而骄傲。

项目1 设计与绘制书籍插画

项目概述

本项目将通过Photoshop完成《快乐家庭》儿童书籍的插画绘制，使读者掌握人物角色的造型设计方法，了解人物角色的造型设计是表现人物性格特征的重要手段。在本项目中，首先通过对"单元情境"的理解，在速写本上完成人物角色的线稿设计与绘制，即完成角色的表情、动态、服装、配饰的设计与绘制。然后再将线稿扫描至计算机，并对线稿进行修正，并在绘制过程中掌握Photoshop工具中的基础概念，如分辨率、笔刷、图层等。最后调整效果并完成"绘制符合人物特征的彩色画稿"的任务。本项目所绘制画稿的最终效果，如图1-1所示。

图 1-1

项目流程

使用Photoshop设计与绘制书籍插画的工作流程，如图1-2所示。

草稿的设计与绘制 ⇒ 人物形象的绘制 ⇒ 背景的绘制

图 1-2

任务1 设计与绘制草稿

任务概述

本任务将完成《快乐家庭》中插画的草稿绘制。在正式开始绘制之前首先要完成线稿绘制。线稿是进行人物形象造型设计与插画整体构图的关键步骤。绘制线稿的方法一般分为两种，一种方法是在纸上手绘线稿，然后进行扫描，最后在计算机中进行去杂点和修正线条等工作，并最终完成线稿；另一种方法是直接在计算机中进行绘制并修正线条。本任务将通过对"单元情境"中的关于人物性格的描述进行分析，从而设计并绘制出一家六口的形象。

任务目标

1）能够正确分析人物性格特点及服饰特征，并具备运用线条表现人物特点的能力。
2）合理运用构图知识，完成线稿的创作。
3）具备熟练使用扫描设备的能力。
4）具备在计算机中提取并修正线稿的能力。

任务分析

本任务是绘制《快乐家庭》中插图的草稿。在绘制之初要思考作品的主题是"快乐"，一个家庭从爷爷、奶奶到爸爸、妈妈再到小朋友，他们的相处是极其融洽与欢乐的。"爱"是作品的中心思想，将"爱"贯穿在人物中，才能让设计符合情境。设计草稿时，从主人公哼哼的视角，表现他心目中的家人：慈祥的奶奶、幽默的爷爷、能干的爸爸、勤劳的妈妈、可爱的妹妹、还有活泼捣蛋的他。绘制时以妹妹的所在位置为中心，妈妈和奶奶的目光集中在孩子们身上，爸爸在看妈妈，爷爷在身后微笑地看着一家人。使用简洁明快的线条，表现各个人物最突出的特点是草稿的绘制主旨。

绘制完成草稿之后，将其扫描到计算机中并对草稿进行提线处理，为后面的绘制任务作准备。

本任务的工作流程，如图1-3所示。

图 1-3

任务实施

1. 构思与线稿成型

使用铅笔，在纸上绘制慈祥的奶奶、幽默的爷爷、能干的爸爸、勤劳的妈妈、可爱的妹妹还有活泼捣蛋的主人公哼哼的形象，如图1-4所示。 提示：首先确定人物的位置，根据人物性格特点，完成构图。	 图 1-4

2. 修正草稿并扫描

绘制完成后，将手绘稿放入扫描仪中进行扫描。 　　注意：通常扫描分辨率设为300dpi，这样可以方便今后在各种情况下使用制作图。手绘稿扫描效果如图1-5所示。	 图　1-5

3. 提线

1）扫描好线稿后，在Photoshop中打开线稿扫描图片，并对画稿执行"图像"→"调整"→"亮度对比度"命令，打开"亮度/对比度"对话框将扫描稿提亮，如图1-6所示。	 图　1-6
2）执行"图像"→"调整"→"去色"命令让所有颜色变成黑白。 　　3）再次在"亮度/对比度"对话框中提高"亮度"值，将剩下的灰色去掉，如图1-7所示。	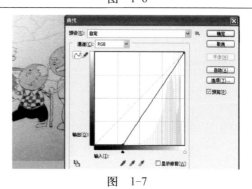 图　1-7
4）使用<Ctrl+M>组合键打开"曲线"对话框，并拖动左下角的小黑点，如图1-7所示。完成曲线调整后，就可以得到一张清晰的线稿，如图1-8所示。	 图　1-8

任务评价

评价内容	分值	评价标准	自评分数
角色设计的创意，构图	30	构图合理且富有创意，能够通过线稿准确地传达创意思想	
角色草稿的绘制	20	正确把握人物角色的造型特点	
角色线条的修正	25	能快速对线稿进行修正，用线准确流畅	
常用绘制工具的使用	25	正确使用绘制工具，能在规定的时间内完成画稿并符合企业的制作要求	

 知识链接

1．扫描仪

常见扫描仪外形如图1-9和图1-10所示。

扫描仪的使用方法如下。

（1）安装扫描仪

将扫描仪通过USB连接线与计算机连接，打开扫描仪电源，使用自带的驱动光盘安装扫描仪驱动程序或使用驱动精灵在线安装对应型号的驱动程序。当驱动程序安装完毕时，任务栏右下角会提示，成功安装好扫描仪后任务栏右下角会弹出"硬件安装已完成，并且可以使用了"的提示。

（2）使用扫描仪

执行"开始"→"控制面板"→"打印机和其他硬件"→"扫描仪和照相机"→"双击扫描仪名称"命令，在弹出的"扫描仪和照相机向导"对话框中单击"下一步"按钮，并根据实际扫描的文件类型选择"图片类型"，如"彩色照片"（如果扫描的是黑白文字信息，则建议选择"黑白照片或文字"，这样做会使扫描出来的信息更加清晰可辨；如果是照片，则选择"彩色相片"）。然后单击"预览"按钮等待扫描预览，再单击"下一步"按钮，在文本框中输入"照片名称"并设置保存图片的格式（通常为JPG）以及选择保存该扫描图片的存放位置，然后单击"下一步"按钮等待扫描结束生成图片，然后选择"什么都不做。我已处理完这些照片"选项单击"下一步"按钮扫描完成。

（3）返回编辑软件对图像进行编辑

（4）选择合适的分辨率

一般网站上的图片分辨率通常在75dpi左右，在扫描显示器上观看图像时，扫描分辨率设为100dpi即可；如果扫描的图像要打印，则应采用300dpi的分辨率；但要想将作品通过扫描印刷出版，至少需要用到300dpi以上的分辨率，当然若能使用600dpi则更佳。

（5）扫描仪的主要性能指标

1）分辨率：表示扫描仪精度，一般为300～2400dpi。

2）灰度级：表示扫描图像灰度层次范围，既从纯黑到纯白之间平滑过渡的能力，如256级、512级。

3）色彩数：表示扫描图像色彩范围，通常用每个像素点上颜色的数据位表示，如30bit、48bit。

4）扫描幅面：A4、A3。

5）扫描速度：指定分辨率和图像尺寸下的扫描时间。

图　1-9　　　　　　　　　　　　图　1-10

2．Photoshop保存文件格式

Photoshop常用的保存格式见表1-1。

表1-1　Photoshop常用的保存格式

PSD	PSD格式是Photoshop的固有格式，PSD格式可以比其他格式更快速地打开和保存图像，很好地保存图层、通道、路径、蒙版以及压缩方案不会导致数据丢失等
JPEG	这是一种压缩格式文件。不能保存蒙版。JPEG格式的图像还广泛用于网页的制作。如果对图像质量要求不高，但又要求存储大量图片，则使用JPEG无疑是一个好办法。但是，对于要求进行输出打印的图像，最好不使用JPEG格式，因为它是以损坏图像质量来提高压缩质量的
TIFF	是一种最流行且识别范围最广的位图图片格式。可以保存蒙版（在保存时选择Save Alpha复选框）
TGA	TGA的结构比较简单，属于一种图形、图像数据的通用格式，在多媒体领域有很大影响，是计算机生成图像向电视转换的一种首选格式
BMP	BMP文件的图像深度可选1bit、4bit、8bit及24bit。BMP文件存储数据时，图像的扫描方式是按从左到右、从下到上的顺序。BMP文件格式是Windows环境中交换与图有关的数据的一种标准，因此，在Windows环境中运行的图形图像软件都支持BMP图像格式
PCX	PCX不支持CMYK或HSI颜色模式。Photoshop等多种图像处理软件均支持PCX格式，PCX压缩属于无损压缩。然而这种使用格式已经被其他更复杂的图像格式如GIF、JPEG、PNG逐渐取代
GIF	GIF格式是输出图像到网页最常采用的格式。GIF采用LZW压缩，限定在256色以内的色彩，因此，容量非常小
EPS	EPS格式采用PostScript语言进行描述，并且可以保存其他一些类型信息，例如，多色调曲线、Alpha通道、分色、剪辑路径、挂网信息和色调曲线等，因此，EPS格式常用于印刷或打印输出

任务2　设计与绘制人物形象

 任务概述

本任务是分别绘制各个家庭成员，从六十多岁慈祥的爷爷、奶奶，到中年的爸爸、妈妈，再到活泼可爱的哼哼和妹妹，整个绘制过程选用的颜色要符合家庭成员的年龄、身份和职业特征。爷爷、奶奶属于老年人，衣服应比较朴素，面容慈祥；爸爸是上班族应穿着正式，精神抖擞；妈妈定位于家庭主妇的形象；两个孩子则应朝气蓬勃，活泼可爱。在绘制过程中应使用适当的颜色，表现角色各自的特点。

任务目标

1）能够掌握配色知识，独立完成人物上色任务。
2）能熟练地为人物角色服装上色。
3）具备熟练应用绘制工具的能力。

任务分析

本任务是通过使用手绘板在整理好的草稿的基础上绘制各个人物。爷爷、奶奶是老年人，发色花白，身形微微有点驼背是一般老年人的特点；爸爸是上班族，精干的外表是爸爸能干的侧面表现；妈妈和奶奶都是女性，但是年龄不同，在绘制她们的服饰时要考虑的内容就不同，如奶奶或许更喜欢鲜艳一些的裙子让自己显得更年轻；妹妹是小女生应该活泼可爱；哼哼作为调皮的小男孩，穿耐脏的衣服更适合他四处玩耍。

在完成绘制任务时注意先使用大色块铺底色，再进行细致刻画，要多使用Photoshop中的放大、缩小的功能观看画面，能更好地把握整体感觉。本任务以绘制奶奶为例，其工作流程如图1-11所示。

图 1-11

任务实施

1．头部的绘制

1）奶奶的头发使用灰色铺底色，如图1-12所示。 提示：奶奶的面部特征刻画要根据人物性格特征去表现，奶奶头部的方向依据草稿。	 图 1-12

2）使用画笔中"36（粉笔）"在头发上绘制阴影，表现头发质感，如图1-13所示。

图 1-13

3）为奶奶的面部绘制底色，如图1-14所示。

图 1-14

4）使用画笔"36（粉笔）"为奶奶的面部绘制出腮红，如图1-15所示。

图 1-15

2．服饰的绘制

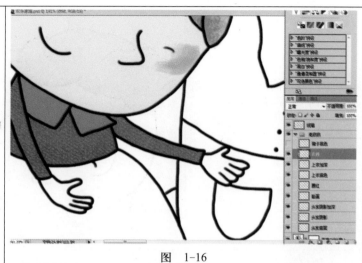

1）选用紫色为奶奶的上衣上色，如图1-16所示。

图 1-16

2）选用米黄色为奶奶的裙子上色，如图1-17所示。

图 1-17

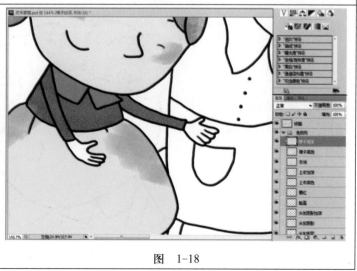

3）选用柔和的灰绿色为奶奶的裙子加阴影，如图1-18所示。

图 1-18

3．细节刻画

1）使用蓝色为奶奶的裙子绘制渐变色细节，如图1-19所示图。

提示：最好使用两个图层分别上不同的颜色，并将其中一个图层的透明度调整到20%，另一个图层的透明度调整为80%，这样可以使画面不单调，更有层次感。

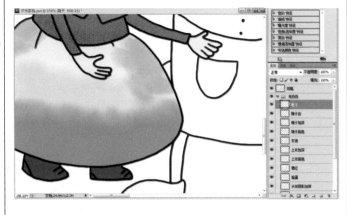

图 1-19

2）按照这个步骤完成一家六口的绘制，再审视整个画面，对细节处进行调整与丰富，完成画稿，如图1-20所示。

提示：一幅作品的绘制过程本身就是一个不断深入、不断修改，使每个物体的色彩表现达到精确的匹配关系的过程。在绘制过程中，应不断地对画面中不准确的色彩关系进行修正和调整，这时不必太在意修改的过程和具体的操作方式。

图 1-20

 任务评价

评价内容	分 值	评价标准	自评分数
人物面部的绘制与表现	30	能够绘制家庭不同成员的人物五官，表现人物特点	
人物发型的绘制与表现	30	能够绘制不同年龄的人物发型，表现其年龄特征与性格特点	
人物服饰的绘制与表现	40	能够掌握少年、中年和老年人的服装特点，完成形象塑造，服装明暗与阴影表现到位	

知识链接

1. CG插画工具

（1）数位板

数位板，又名绘图板、绘画板、手绘板等，是计算机输入设备的一种，通常是由一块画板和一支压感笔组成，主要用作绘画创作方面，就像画家的画板和画笔一样，通过压感笔在数位板上一笔一笔画出栩栩如生的画面。数位板的常见形状，如图1-21所示。

图　1-21

（2）压感笔

压感笔的常用区域包括：笔尖、笔按钮、橡皮擦等，如图1-22所示。

1）橡皮擦：压感笔上端的橡皮擦的工作方式就像铅笔上的橡皮擦一样。

2）笔按钮：压感笔配备有两个按钮，每个按钮都具有可自定义的功能，在按下按钮时可进行选择。

3）笔尖：用压感方式书写及绘画。笔尖可以对手的运动作出反应，这使得可以创建笔触看起来比较自然的笔刷线条。

握压感笔时就像握普通的钢笔或铅笔一样。确保笔按钮处在一个非常方便的位置，使拇指或食指便于对其进行操作，且不会在用笔绘画时意外地按下按钮。在使用压感笔时，应向最舒适的任何方向倾斜笔，如图1-23所示。

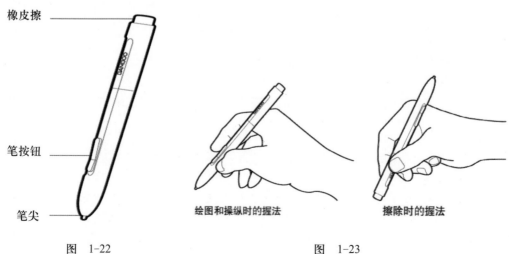

橡皮擦

笔按钮

笔尖

绘图和操纵时的握法　　　　擦除时的握法

图　1-22　　　　　　　　　　图　1-23

（3）在Photoshop中设置画笔

在Photoshop中，打开"画笔设置"窗口（可以按<F5>键打开或者关闭），勾选"画笔笔尖形状"下的"形状动态"复选框，将"大小抖动"下方的"控制"下拉选项设置为"钢笔压力"即可，如图1-24所示。

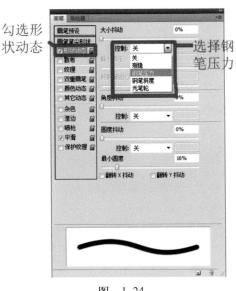

图　1-24

设置完成后，对比一下鼠标和压感笔进行绘画时的不同预览图，如图1-25和图1-26所示。

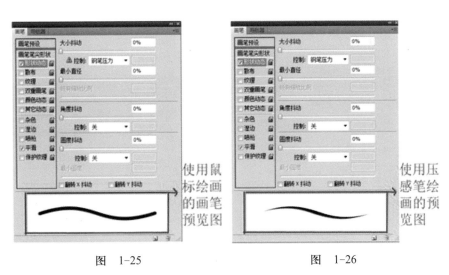

图　1-25　　　　　　　　　　　图　1-26

（4）数位板的维修保养

1）数位板不要放置在靠近热源的地方，比如，散热器、烤箱、火炉、微波炉或者其他产生热量的物品之上。

2）不要将数位板置于潮湿空气或者有腐蚀性的化学物品中，远离水源，避免液体泼溅到产品上，如果进水，则请立即切断电源，并尽快与公司服务中心联系进行清洗，避免遭受腐蚀。

3）避免产品被摔、敲打、挤压、激烈震动，请妥善保管好压感笔，内有类似陶瓷的磁感应元器件，易碎。

4）妥善保护数位板的数据线，避免频繁弯折以及宠物等的撕咬，避免被数据线牵绊。

5）请勿过于频繁插拔接口，数位板的USB接口允许热插拔，建议如果长时间不用（2天以上），则应将数位板从计算机上拔下。

6）尽量将数位板置于温度恒定的地方保存，剧烈的冷热交替，会导致数位板贴膜起泡。

7）如有安装问题可以请教在线客服，或者可先尝试换一台计算机测试是否为数位板本身的问题。

8）板面在通电的情况下会有一定的磁场辐射，不要把会影响磁场的金属或者手机等电子产品放在板面，磁场辐射较小，如长期不用则请尽量避免一直通电的状态。

2. 熟悉Photoshop工具栏

1）画笔工具，如图1-27所示。 画笔工具：以前景色为基础，绘制画笔状的线条。 铅笔工具：创建硬边手画线。 注意： ①"流量"指定画笔工具应用油彩的速度，相当于画笔的出水量。 ② 要绘制直线，先在图像中点按起点，然后再按住\<Shift\>键并点按终点。 ③ 自定义画笔：执行"编辑"→"定义画笔"命令。	 图 1-27
2）历史记录画笔工具，如图1-28所示。 历史记录画笔工具：用于恢复图像之前某一步的状态。 历史记录艺术画笔：利用所选状态或快照，模拟不同绘画风格的画笔来绘画。	 图 1-28
3）填充工具，如图1-29所示。 渐变工具：用渐变色来填充选区或图像。 油漆桶工具用前景色填充着色相近的区域。	 图 1-29
4）橡皮擦工具，如图1-30所示。 橡皮擦工具：在背景层把画面擦为背景色，在普通层把画面完全擦除。 背景橡皮擦工具：能将背景层的画面完全擦除，使背景层透明。 魔术橡皮擦工具：删除鼠标单击处相似的像素。	 图 1-30
5）色调工具，如图1-31所示。 减淡工具：可以使图像的亮度提高。 加深工具：可以使图像的区域变暗。 海绵工具：可以增加或降低图像的色彩饱和度。	 图 1-31

3．熟悉Photoshop快捷键

Photoshop中常用的快捷键，见表1-2。

表1-2　Photoshop中常用的快捷键

快 捷 键	功 能
<Ctrl＋D>	取消选区
<Shift+F7>	反选选区
<Ctrl＋+>、<Ctrl＋->	图像的缩放
<Space>	抓手工具
<Atl+Delete>	用前景色填充
<Ctrl+Delete>	用背景色填充
<Ctrl+Alt＋+>、<Ctrl+Alt＋->	缩放图像（图像的窗口会跟着缩放）
<Ctrl+0>	缩放图像到最合适大小
<Ctrl+J>	通过复制图层
<D>	还原前景色和背景色为黑白色
<X>	切换前景色和背景色
<Ctrl+A>	全选
<Ctrl+Alt+Z>	撤销多步
<Shift>	画直线或45°角的线
<Ctrl>	在绘图路径过程中，按<Ctrl>键，可暂时转为"直接选择工具"
<Alt>	在绘图路径过程中，按<Alt>键，可暂时转为"转换点工具"
<Ctrl+Enter>	将路径转为选区

任务3　绘制背景

任务概述

本任务完成插画背景的设计与绘制。本次是为图书《快乐家庭》配制插画，因此在设计背景时，应使用明黄、草绿这类温馨的颜色。经过反复考虑，决定通过绘制一家人相聚在阳光明媚户外的草地上，来突出"快乐家庭"这一主题。

任务目标

1）能够熟练进行绘制工作，掌握场景设计与空间表现的能力。
2）具备细节处理的能力。
3）具备熟练应用绘制工具的能力。

任务分析

本任务是完成背景的绘制，从快乐这一主题出发配合人物的服饰色彩，决定选用明黄、草绿这类温馨的颜色绘制一个春天的明媚场景来突出一家人的幸福美满。

首先绘制渐变色的天空，再绘制柔和的草地。在绘制草地时要注意春天植物的生长速度不同，有快有慢，所以草地上会有没长出植物的土地和已经长高并变得茂盛的绿色草丛，运用色彩的变化能使画面更加丰富。接下来绘制云彩，注意云彩是不规则的，先按照草稿绘制的形状画出白云，然后擦除草稿的黑色轮廓，让云朵更自然。最后为人物绘制出脚下的阴影，使画面更立体。

插画背景绘制的工作流程，如图1-32所示。

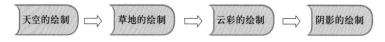

图 1-32

任务实施

1．天空的绘制

绘制天空渐变色，如图1-33所示。	

图 1-33

2．草地的绘制

1）调整画笔工具的不透明度为60%，新建一个图层，绘制草地，如图1-34所示。	 图　1-34
2）使用浅绿色在草地上绘制深浅不同的有变化的草地效果，如图1-35所示。	 图　1-35
3）新建一个图层作为阴影层，为人物添加脚下的阴影，如图1-36所示。	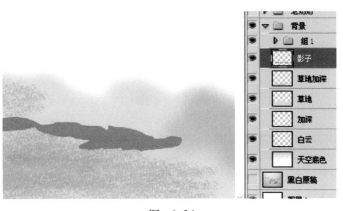 图　1-36

4）添加人物，并根据人物调整其脚下的阴影，如图1-37所示。	 图 1-37

3．绘制云彩

1）在天空中绘制云彩，如图1-38所示。	 图 1-38
2）擦去线稿层云彩的轮廓线，调整轮廓线图层的不透明度为50%，如图1-39所示。 提示：此处调整轮廓线图层的不透明度是为了使人物轮廓看起来比较自然，不刻板。	 图 1-39

 任务评价

评价内容	分　值	评价标准	自评分数
场景中天空与草地的绘制	40	能够绘制天空与草地融合的场景，表现光影效果	
场景中云彩的绘制	30	能够绘制天空中的云彩，造型符合云彩的特点	
场景中人物脚下阴影的绘制	30	能够给人物添加脚下的阴影，符合光照效果下阴影的形态	

知识链接

1．Photoshop图层面板

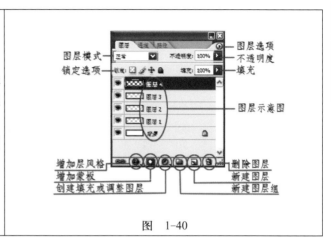

在Photoshop中浮动面板是处理图层的快捷界面方式，用户可以通过它将复杂的图层操作简单化。图层的浮动面板各区域名称，如图1-40所示。

图　1-40

2．图层

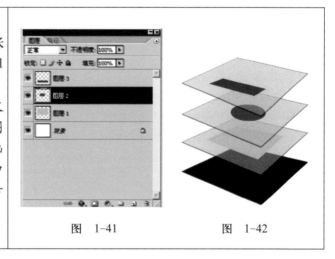

在Photoshop中，图层类似一张一张叠起来的透明胶片，如图1-41和图1-42所示。

小技巧：图层过多会增大文件，在绘制作品时应边画边合并图层，这样不会因为图层过多而画乱，运行起来也更顺畅。当画面中内容过多时，可以把图层分组，方便管理。

图　1-41　　　　图　1-42

3．图层模式

Photoshop中的常见图层模式，见表1-3。

表1-3　常见图层模式

正常模式	因为在Photoshop中颜色是当做光线处理的（而不是物理颜料），在正常模式下形成的合成或着色作品中不会用到颜色的相减属性。在正常模式下，永远也不可能得到一种比混合的两种颜色成分中最暗的那个更暗的混合色了
正片叠底模式	这种模式可用来着色并作为一个图层的模式。正片叠底模式从背景图像中减去原材料（不论是在层上着色还是放在层上）的亮度值，得到最终的合成像素颜色。在正片叠底模式中应用较淡的颜色对图像的最终像素颜色没有影响。正片叠底模式模拟阴影是很理想的

颜色减淡模式	除了指定在这个模式的层上边缘区域更尖锐，以及在这个模式下着色的笔画之外，颜色减淡模式类似于滤色模式创建的效果。另外，不管何时定义颜色减淡模式混合前景与背景像素，背景图像上的暗区域都将会消失
叠加模式	这种模式以一种非艺术逻辑的方式把放置或应用到一个层上的颜色同背景色进行混合，然而，却能得到有趣的效果。为了使背景图像看上去好像是同设计或文本一起拍摄的，叠加模式可用来在背景图像上画上一个设计或文本
色相模式	在这种模式下，层的色值或着色的颜色将代替底层背景图像的色彩。在使用此模式时想到色相、饱和度、HSB颜色模式是有帮助的。色相模式代替了基本的颜色成分而不影响背景图像的饱和度或亮度
饱和度模式	此模式使用层上颜色（或用着色工具使用的颜色）的强度（颜色纯度），且根据颜色强度强调背景图像上的颜色
颜色模式	"颜色"模式能够使用"混合色"颜色的饱和度值和色相值同时进行着色，而使"基色"颜色的亮度值保持不变
亮度模式	"亮度"模式能够使用"混合色"颜色的亮度值进行着色，而保持"基色"颜色的饱和度和色相数值不变

项目拓展

完成图1-43的绘制，并根据评价标准，见表1-4，进行正确评价。

表1-4　项目拓展训练评价标准

项目拓展绘制要求	评 价 标 准
作品绘制过程体现儿童书刊插画的绘画技巧	掌握计算机手绘儿童书刊插画的表现技巧，完成项目拓展的设计与绘制
合理构图，完成线稿的创作	合理运用构图知识，完成线稿的创作
对作品可以正确地完成整体配色	具备对插画整体色调的配色能力，完成上色任务

图　1-43

项目2　设计与绘制儿童绘本

项目概述

　　本项目是通过Painter完成《快乐家庭》儿童绘本的绘制。学习Painter软件的基本操作，如不同笔刷的使用，快捷键的应用以及绘制技巧等内容。在绘制过程中作品要按儿童的视觉、知觉特点和思维方式重新分配和排列，构筑出富有童趣的绘画空间，如图1-44、图1-45、图1-46所示。

图　1-44

图　1-45

图　1-46

项目流程

　　使用Painter设计与绘制书籍插画的工作流程，如图1-47所示。

构思与草稿的设计与绘制 ⇒ 角色的绘制 ⇒ 背景的绘制

图　1-47

任务1　设计与绘制草图

任务概述

　　本次任务主要是依据故事情节来绘制插图。故事的大概内容为：天色已经很晚了，哼哼还在看超人的连环画，并想象着自己变成超人打败大坏蛋的场景，这时妈妈过来告诉哼哼要快些睡觉了，可是兴奋的哼哼坐在床上怎么也睡不着。首先根据故事进行构思，然后进行草稿绘制，注意到人物的性格特点、服装以及场景，以及光影等。

 任务目标

1）熟练掌握儿童绘本的设计与绘制的技术要点，完成项目构图。
2）具备运用线条表现人物特点的能力。
3）具备根据剧情进行场景设计的能力。

 任务分析

儿童绘本要通过画面展现故事情节，因此，插画在构思时应考虑故事中时间、地点、人物、动作和其他配角的活动来安排画面，画面要突出重点，色彩搭配符合儿童的审美，突出主要情节。

绘制完成草稿之后，将其扫描到计算机，然后对草稿进行提线处理，为后面的绘制任务作准备。

儿童绘本草稿的工作流程，如图1-48所示。

图 1-48

 任务实施

1. 构思与线稿成型

1）绘制哼哼趴在地毯上津津有味地看书，小猫在身边陪伴着他的场景，如图1-49所示。

提示：草稿主要是抓住画面的整体感，不用绘制得过于细致，可以先画数张草稿激发创作灵感，直到有满意的构图出现。

图 1-49

2）绘制夜深了妈妈催促哼哼该睡觉了，哼哼腻在妈妈怀里撒娇，因为他还是很想看书，不想睡觉的场景，如图1-50所示。	 图 1-50
3）绘制哼哼坐在床上看着窗外繁星点点，心里一直惦记着漫画书里的精彩情节怎么也睡不着的场景，如图1-51所示。	 图 1-51

2．线稿扫描修正

1）线稿绘制完成后，用扫描仪将扫描稿导入计算机，通过Photoshop软件对画稿对行提取线稿。在Photoshop中执行"图像"→"调整"→"亮度/对比度"命令，在"亮度/对比度"对话框里进行设置将扫描稿提亮，如图1-52所示。	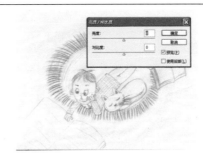 图 1-52
2）执行"图像"→"调整"→"去色"命令让所有颜色变成黑白。 3）再次在"亮度/对比度"对话框中提高"亮度"值，将剩下的灰色去掉，得到一张干净的线稿，如图1-53所示。	 图 1-53

4）按照1）～3）的步骤，完成第2张线稿清线稿，如图1-54所示。

图 1-54

5）继续第3张线稿清线稿，如图1-55所示。

图 1-55

 任务评价

评价内容	分　值	评价标准	自评分数
角色设计的创意，构图	30	构图合理且富有创意，能够通过线稿准确地传达创意思想	
角色草稿的绘制	20	正确把握人物角色造型特点	
角色线条的修正	25	能快速对线稿进行修正，用线准确流畅	
常用绘制工具的使用	25	正确使用绘制工具完成线稿并符合要求	

 知识链接

1. 绘本与图书插画的区别

绘本最值得强调的就是它的文学性和艺术性，它出现于19世纪晚期，到20世纪前期进入了黄金时期，是一种文学和艺术交织出的新样式的图书。

绘本不等于"有画的书"，它是以简练生动的语言和精致优美的绘画紧密搭配而构成的文学作品。绘本是一种独立的图书形式，特别强调文与图的内在关系，它使用图画与文字共同叙述一个完整的故事，是图文合奏的乐章。在绘本里，图画不再是文字的附属，而是图书的主体，甚至有很多绘本是一个字也没有的无字书。

绘本图书与其他普通含插画的图书的区别在于绘本图书通常有独立的绘画者，图画有个人风格，画面即情即景，可单幅成画。一些常见包含插画的图书，尽管这些书内的图画画得十分有趣，但也只是对文字的补充，是对书中某个情节的补充。

2．Painter保存文件的格式

Painter保存文件时的常用格式，见表1-5。

表1-5　Painter保存文件的格式

RIFF格式	矢量图像文件格式，属于Painter自带格式。含有多个图层且节省空间，同时还可以保存Painter特有的一些绘图元素（如水彩图层、液体墨水图层、参考图层、动态图层和矢量图形马赛克等绘图方式）
Photoshop格式	可以保存为Photoshop格式，这种格式可以保留Painter图层、蒙版（转化为Photoshop的通道）、路径
PICT格式	常用于Mac多媒体软件和其他屏幕显示。这种格式可以保存单个蒙版（但不是图层），也可以将PICT文件保存为一个Painter电影，该文件格式可以被Painter快速打开
PC格式	通常情况下，DOS和Windows操作系统使用BMP、PCX和Targa的图片格式。BMP和PCX格式都不支持蒙版，Targa格式常用于生成复杂的24位图形，在制作导入动画软件中的多个文件时经常使用
Movie格式	影像在Painter中使用的一种格式，可以制作多媒体和电影动画

任务2　绘制角色

任务概述

本任务是完成哼哼与妈妈的形象绘制，在完成任务过程中学习Painter基本工具的使用方法，掌握不同年龄的人物形象绘制的特点，实现灵活应用画笔绘制人物形象。

任务目标

1）掌握Painter绘制方法以及相关技巧的使用，创作出较生动的艺术形象。

2）掌握Painter的基本工具，能够完成角色的绘制。

3）培养观察习惯和对绘画的兴趣，养成善于发现并乐于用绘画语言来表达自己的创意的习惯。

任务分析

Painter中对于扫描线稿的提取处理和Photoshop不同，对线稿的处理比较常用的是从"通道"中使用"选区"新建通道命令，将线稿层在"通道"里新建后，再将画布上的线稿删掉，保留一个空白的画布，通过关闭和打开新建的通道来查看线稿而不会因为画布无法修改而对后面的绘制产生影响。

上色的过程首先是平铺颜色，然后为人物服饰等绘制明暗效果，如果想再调整人物的肤色则可以执行"效果"→"调整颜色"命令对人物肤色进行调整而不需要重新绘制。

使用Painter绘制角色的工作流程，如图1-56所示。

图 1-56

任务实施

1．新建画布

1）新建画布。A4的大小是21cm乘以29.7cm。如果绘制的画想要用于印刷，则必须建一个所需要印刷大小的图案，然后将分辨率设置为300dpi才能满足，如图1-57所示。 注意：在保存时将文件保存为PSD格式就可以和Photoshop通用。如果保存为RIFF文件，则能保持在Painter里面水彩画笔未干的效果。	 图　1-57
2）Painter默认的工作区，如图1-58所示。 提示：工具面板可以通过窗口进行开关操作。 3）将Photoshop处理过的线稿导入Painter，并将草稿图层的透明度调低，再在线稿图层上新建一个图层，以方便对线稿进一步描画，将画面中的细节对象都描绘完整。	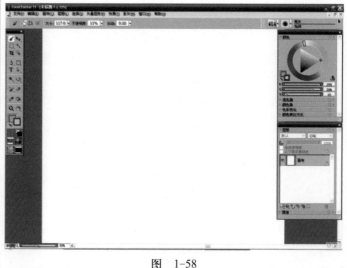 图　1-58

2．提取线稿

1）在Painter中可以打开扫描后的线稿，将线稿提取出来。

提示：线稿默认在画布中，为了方便后期绘制，或将线稿从画布中提取出，应保留白色画布。

2）打开线稿后，在通道面板中，单击通道面板右上角的小三角，在弹出的快捷菜单中选择"从选区新建通道"命令，如图1-59所示，建立Alpha1通道，如图1-60所示。

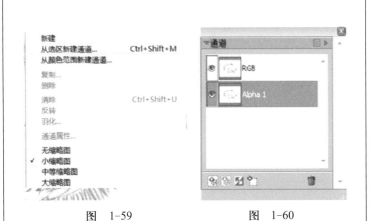

图 1-59   图 1-60

3）双击Alpha1通道，打开通道属性，将通道颜色调整为深红色，通道不透明度降低为50%，如图1-61所示。

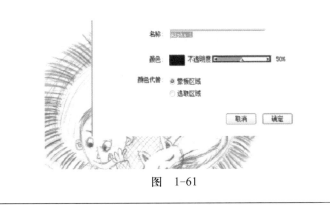

图 1-61

4）单击RGB通道，如图1-62所示，再单击"画布"图层，如图1-63所示。

图 1-62   图 1-63

5）按<Ctrl+A>组合键全选画布，再按<Backspace>键删除画布上的线稿，只留下Alpha1通道中的浅色线稿，如图1-64所示。

小技巧：使用这种提取线稿的方法是可以随时通过关闭或打开Alpha1通道前面的眼睛实现关闭或打开线稿，避免了画布上的线稿不能随时隐藏的问题。

图　1-64

3. 上色

1）在开始绘画前，就应先调整出适合的画笔触感，如图1-65所示。

注意：画笔的调整应主要调整大小、颗粒、不透明度浓度，不同参数值调整出的画笔，其质感是完全不同的。

图　1-65

2）为角色的裤子上色，如图1-66所示。

小技巧：上色时先上底色，按从远到近，从大到小的方法最后描绘细致的对象，越上面的图层就越是细部的图案变化。

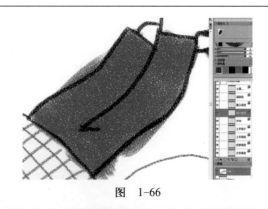

图　1-66

3）为角色的袜子上色，如图1-67所示。

注意：不要只用一个图层完成所有区域的上色，因为使用一个图层不能针对单个区域进行微调颜色。

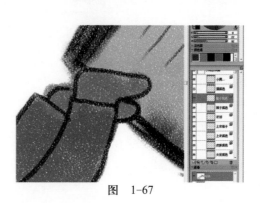

图　1-67

4. 色彩调整

1）绘制人脸明暗关系，如图1-68所示。

图　1-68

2）绘制衣服阴影，如图1-69所示。

注意：绘制衣服时，应先上底色，再用比底色深的同色系颜色画出衣服的暗部，增强衣服的立体感。

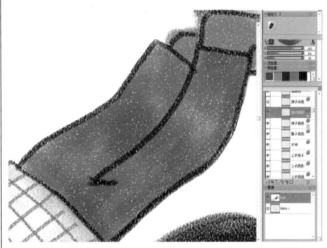

图　1-69

3）给小猫上色，如图1-70所示。

小技巧：在使用压感笔上色时，只要轻轻下笔，笔触就是柔和的感觉，这是因为下笔的力度决定了笔触的硬度和颜色深浅，增强细节表现力。

注意：要养成随时观察画面整体习惯，避免某些部分与整体不和谐。

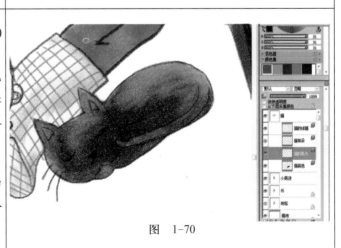

图　1-70

4）调整人物的肤色，如图1-71所示。

小技巧：在画人物时，如因取色而将肤色画得太浅了，则可以执行命令"效果"→"调整颜色"命令，使肤色红润些。

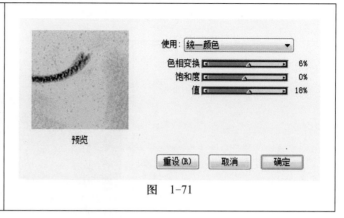

图 1-71

任务评价

评价内容	分 值	评价标准	自评分数
掌握适形造物的方法	20	能够根据任务要求创作出较生动的艺术形象	
掌握绘制不同年龄人物的特点	20	能够掌握绘制不同年龄人物的特点，并可以根据作品要求完成，最终掌握人物绘制的方法	
熟练掌握"油性蜡笔"的使用	30	能够熟练地掌握"油性蜡笔"的使用方法，并独立完成作品	
Painter常用工具的使用	30	能够在绘制过程掌握Painter软件常用工具的使用方法	

知识链接

1．认识Painter

计算机绘画作品与传统手绘作品在风格、质感、样式等诸多方面都有着很大的区别，手绘作品的视觉效果与触感是计算机所难以实现的。

Painter正是在这种观点盛行的背景下出现的，它的出现给计算机绘画带来一个全新的概念，为计算机绘制的作品注入了新的活力。使用Painter，无论是计算机绘画的初学者还是从未接触过计算机的传统美术工作者，都可以像使用画笔在纸上作画一样自由地在计算机上勾勒出极具艺术表现力的作品。这不仅大大缩短了传统绘画所需的准备时间，而且降低了对于绘画技法的要求。

2．Painter工具栏的介绍

Painter工具栏图标及名称，如图1-72所示。

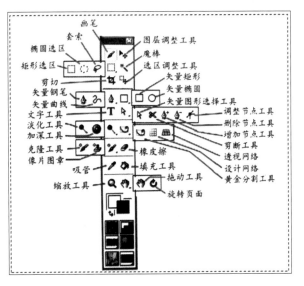

图　1-72

3．Painter颜色面板

Painter颜色面板各区域作用，如图1-73所示。

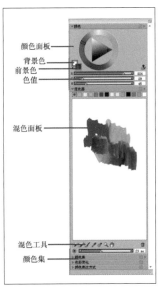

图　1-73

4．Painter左下角快捷键

Painter界面中左下角快捷键及作用，如图1-74所示。

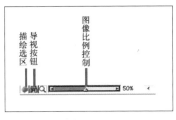

图　1-74

5．Painter右上角快捷键

Painter界面中右上角快捷键及作用，如图1-75所示。

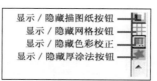

显示／隐藏描图纸按钮
显示／隐藏网格按钮
显示／隐藏色彩校正
显示／隐藏厚涂法按钮

图　1-75

6．Painter常用笔刷

水粉笔：水粉笔的质地都比较柔软，比丙烯类画笔更加柔和，可以很好地模仿传统的水粉画，如图1-76所示。	 图　1-76
图像水管：类似于图像喷洒器，可以随意在画面上喷洒水管图像，如图1-77所示。	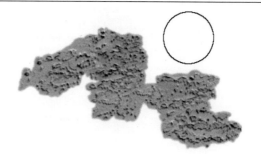 图　1-77
油画棒：质地比较适中，带有一定黏性的画笔，很适合笔触的堆积和形体的塑造。拥有良好的纹理触感并带有混色功能，如图1-78所示。	 图　1-78
油画笔：黏稠湿性油画笔，可营造出平滑的厚涂笔触，如图1-79所示。	 图　1-79

孔特粉笔：质地松软，很适合大面积
涂抹和进行粉笔速写，如图1-80所示。

图　1-80

蜡笔：质地最硬的一种干画笔，而且
当笔触重叠时会有加深效果。颗粒硬质画
笔，能绘制出生动的带有纹理效果的宽笔
触，如图1-81所示。

图　1-81

特效画笔：可以添加其他很多特效笔
触，如图1-82所示。

图　1-82

色粉笔：质感很丰富的干画笔，笔刷
的硬度有很多选择。画笔颗粒比较大，
可以很好地表现画布的纹理，如图1-83
所示。

图　1-83

学习单元1

海绵：一种添加绘画情趣和肌理的工具，不过很占内存，运行极其缓慢，需要慎重使用，如图1-84所示。	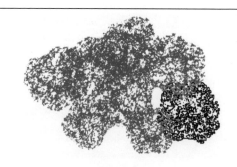 图　1-84
水墨画笔：可模仿中国传统国画的一类新增画笔，如图1-85所示。	 图　1-85

任务3　绘制场景

 任务概述

场景能够使画面丰富，起到突出主题渲染气氛的作用。本任务是绘制哼哼在不同房间活动的场景，场景内容包括绘制房间内的地毯、被子、沙发和一些墙面装饰，以及与情节相关的物品。

 任务目标

1）了解场景设计在绘本中的意义。
2）掌握场景设计与绘制中的透视规律。
3）具备熟练应用Painter绘制工具快捷键的能力。
4）具备应用Painter绘制工具进行场景设计空间表现的能力。

 任务分析

绘制哼哼在不同房间活动的场景时，色彩的选择要符合当时的情境。如哼哼趴在地毯上看书时，地毯的鲜艳颜色能够衬托哼哼紧张而愉快的心情，身旁安静睡着的小猫则对比出哼哼的兴奋；哼哼被妈妈抱在怀里的感觉应该是幸福而甜蜜的，温暖的黄色调和妈妈的红裙子能够互为衬托，妈妈对哼哼的宠爱让他沉浸在爱里；哼哼坐在床上望着窗外的夜空无法入睡的场景则适合选择偏冷的色调，用夜深人静来反衬哼哼因兴奋而难以入睡。

在绘制过程中，可以通过添加光源给画面增加一些光照效果，让画面色彩更丰富。

使用Painter绘制背景的工作流程，如图1-86所示。

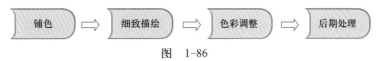

图　1-86

任务实施

1．铺色

1）在哼哼趴在地上看书的画面中，绘制地毯时，以大笔刷铺底色，如图1-87所示。	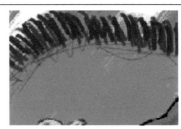 图　1-87
2）在哼哼向妈妈撒娇的画面中，用深色并精绘线条，如图1-88所示。	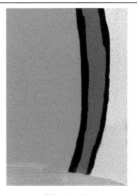 图　1-88
3）在哼哼坐在床上的画面中，通过反复的大面积铺色，将被子的纹理效果处理出来，如图1-89所示。	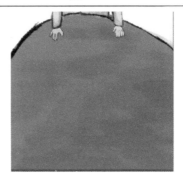 图　1-89

— 35 —

2．细致描绘

1）在哼哼趴在地上看书的画面中，精描地毯的轮廓，如图1-90所示。	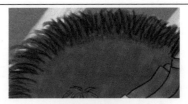 图　1-90
2）在哼哼向妈妈撒娇的画面中，给墙体上明暗，如图1-91所示。	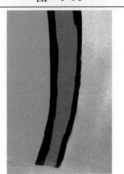 图　1-91
3）在哼哼坐在床上的画面中，给被子贴材质，如图1-92所示。	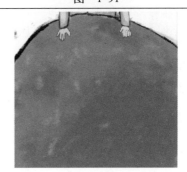 图　1-92

3．色彩调整

1）在哼哼撒娇的画面中，执行"效果"→"表面控制"→"应用光源"命令，为画面添加光照效果，通过调整亮度、曝光、泛光的数值实现不同的效果，如图1-93所示。	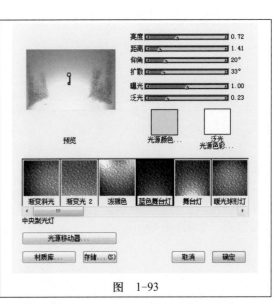 图　1-93

2）调整后的墙面阴影的光照效果，如图1-94所示。

图　1-94

3）在哼哼坐在床上的画面中，制作背景的纸纹，让整张作品质感产生统一感，使用油画笔上色、渲染、冲刷、刮挤以产生油质感的手绘效果来丰富画面，如图1-95所示。

图　1-95

4．后期处理

1）在纸纹中选择亚麻布纸纹后，执行"效果"→"表面控制"→"应用表面纹理"命令，为画面加入更加明显的颗粒效果，如图1-96所示。

图　1-96

2) 调整纹理，如图1-97所示。

小技巧：在应用"表面纹理"设置中，通过调整深度外观和光影控制中的选项，可以得到不同的纸纹效果。

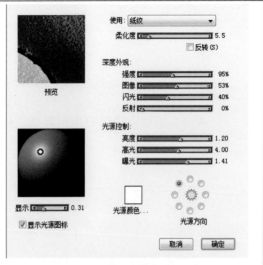

图 1-97

3) 使用图层模式，调整画面效果，如图1-98所示。

小技巧：想要效果丰富，可以在不同图层中应用纸纹，然后在图层间设置叠加效果，纸张的纹理效果会更明显。

图 1-98

 任务评价

评价内容	分　值	评价标准	自评分数
场景中大环境的设计	40	能够运用造型相关基础知识，完成场景中物品的塑造	
场景中物品的设计	40	能够按任务要求，熟练完成场景中的物品绘制流程	
场景明暗光线绘制	20	能够按任务要求，表现场景中的光影效果，明暗与投影表现到位	

 知识链接

1. 各种光源

环境光：一个大场景下的光线的偏向是没有方向性的，如黄昏会偏红、夜晚会偏蓝。环境光常常不明显，但是设定环境光时会让整张图的色相较为统一，从而显得更真实，如图1-99所示。	 图　1-99
点光源：光线由一个点向四面八方放射出的光就是点光源，例如，灯泡、蜡烛等。点光源光线用于表现强烈的情感，有着很强的戏剧张力，如图1-100所示。	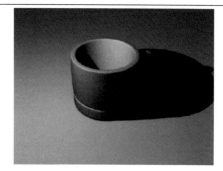 图　1-100
方向光：光线以整个面的状态照射，称为方向光，如太阳光、大的日光灯等。方向光常用于一般的构图，可以清楚地交代画面和色彩，也是自然场景的光线表达，如图1-101所示。	 图　1-101
聚光灯：这种光源主要是照明一块地区，具有方向性，光照射之处和无光照射之处明暗相差很大，戏剧的张力最为强烈，如图1-102所示。	 图　1-102

学习单元1

2．光的方向

顺光：指人物目光的方向和光源照射的方向几乎是同方向，如图1-103所示。顺光时眼中看到的色彩表现是最明亮最鲜艳的，因此，这种光线运用于大部分的人物画法，但是，如果光线和视线完全一致，则角色光影的立体感会显得单调。	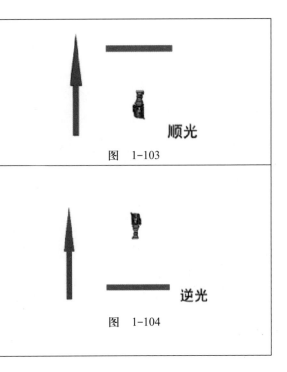 顺光 图　1-103
逆光：指人物目光的方向和光源照射的方向几乎是反方向，如图1-104所示。逆光下，肉眼看到的角色的逆光面，所以当镜头对太阳拍照逆太阳光的角色时，其脸黑也是因为逆光的原因。逆光可以表现角色夸张的戏剧性效果，场景壮大或凄凉的戏剧性气势。因此，在这种光下，角色的脸不是重点，其动作和场景的整体气氛的配合长是重点。	逆光 图　1-104

3．Painter常用快捷键表

Painter常用快捷键，见表1-6。

表1-6　Painter常用快捷键

中 文 名 称	快 捷 键	中 文 名 称	快 捷 键
新建文档	<Ctrl+N>	工具箱	<Ctrl+1>
打开文档	<Ctrl+O>	画笔选择	<Ctrl+2>
保存文档	<Ctrl+S>	画笔控制	<Ctrl+7>
复制	<Ctrl+C>	画笔工具	<Ctrl>
粘贴	<Ctrl+V>	画笔控制	<Shift+Alt+Ctrl>
画笔	<B>	剪裁	<C>
填充	<Ctrl+F>	画笔颜色	<Shift+K>
钢笔工具	<P>	颜料桶	<K>
缩小视图	<Ctrl+->	选择工具	<Shift+Ctrl>
放大视图	<Ctrl++>	矩形选择	<R>
居中显示	<Spacebar+Click>	椭圆选择	<O>
全屏显示	<Ctrl+M>	图层调节	<F>
撤销操作	<Ctrl+Z>	取消选择	<Ctrl+D>

4．材质库

Painter自带材质库，如图1-105所示。

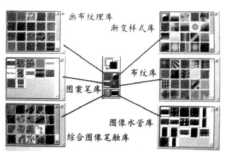

图 1-105

 项目拓展

1）按照项目拓展绘制要求完成图1-106、图1-107、图1-108，并根据评价标准见表1-7，进行正确评价。

项目拓展情境：哼哼偷偷地推开妈妈的门，发现妈妈已经睡熟了。于是，他和家里的小猫咪开始了"超人大战小怪兽的"游戏，不幸的是，妈妈最心爱的花瓶被撞到地上打碎了。听到响声的妈妈出来一看，十分生气，她狠狠地批评了调皮的哼哼，而哼哼则羞愧地低下了头。

表1-7　项目拓展训练评价标准

项目拓展绘制要求	评 价 标 准
使用Painter绘制工具完成作品绘制	能够使用Painter绘制工具中不同笔刷进行绘制
根据儿童绘本的设计与绘制作的技术要点，完成项目构图	熟练掌握儿童绘本的设计与绘制作的技术要点，完成项目构图
作品绘制时注意场景空间界面和材质表现	了解场景空间界面和材质表现，熟悉动画场景的特技表现，完成项目
作品绘制符合上色任务要求标准	能够完成儿童绘本的上色任务并符合标准
作品绘制过程中可以熟练地使用Painter快捷键	具备熟练应用Painter绘制工具快捷键的能力

图　1-106

图　1-107

图　1-108

2）杂志书籍插画的设计与绘制实战。

按照要求，完成如图1-109所示的插画。

1）掌握草图的设计与绘制的技巧，完成绘制工作。

2）能够通过完成实战，掌握文体的设置技术。

3）熟练选择画笔，并对画笔进行设置。

4）掌握画笔触感，可以熟练的根据需求进行调整。

5）掌握构图技巧，完成背景的创作。

图　　1-109

实战考核内容	学 习 情 况
角色形象的绘制与表现：完成角色表情、服饰、动态等一系列内容的设计与表现	优秀（　　）良好（　　）较差（　　）
场景的创意设计：使用正确的构图、透视关系完成场景的创意与设计	优秀（　　）良好（　　）较差（　　）
手绘工具的使用：能够熟练地使用手绘工具，对其进行设置	优秀（　　）良好（　　）较差（　　）
笔刷及材质的选择与使用：能够根据作品正确地选择与使用笔刷与材质，并可以独立完成任务	优秀（　　）良好（　　）较差（　　）
处理问题的能力：在绘制中对常见的问题能否自己进行解决	优秀（　　）良好（　　）较差（　　）
工作态度：态度认真、细致、规范	优秀（　　）良好（　　）较差（　　）
遵守时间：不迟到、不早退，能够按要求完成实战	优秀（　　）良好（　　）较差（　　）

单元总结

　　通过本单元的学习，了解儿童书籍插画和绘本的相关知识，掌握创作儿童书籍插画和儿童绘本的必备工具和绘制流程，灵活应用绘制工具中不同笔刷的使用方法及相关技巧，掌握绘制的技术要点，能够应用材质表现不同场景的特技效果。通过完成本单元的任务，培养观察习惯和对绘画的兴趣，养成善于发现并乐于用绘画语言来表达自己的创意的习惯。发挥对儿童插画和绘本的创意能力，综合运用美术表现技巧来完成主题创意儿童插画和儿童绘本的画稿创作，最终掌握如何创作一幅完整的插画作品。

　　根据本单元绘制流程，主要步骤回顾如下：

第1步：起稿不需要非常精细准确，画出大体的构图。

第2步：线稿完成后开始铺大色，优先考虑固有色，拉开几个大色块的对比即可。

第3步：铺完大体的固有色后，可以叠加一层纹理，这样使画出的层次更丰富。

第4步：画出重要角色与场景的关系，确定前景色与后景色。

第5步：毛发质感，结构，空间的关系，色彩的深入。

第6步，再次进行整体的把握和局部细节的调整。

UNIT 2

设计与绘制
广告宣传插画

本单元学习广告宣传插画的设计与绘制。一般广告宣传插画的要求比较苛刻，因为它是商业插画，需要体现其商业价值，这样就要考虑作品的创意与表现方法。本单元将学习线稿的绘制与修正方法，主要包括人物角色的五官、表情、发饰以及服装配饰等内容的设计与绘制方法；场景空间、景物的设计与绘制方法，准确地把握广告宣传插画角色的造型特征，并通过创作草样、线条修正、使用配色方案将其表现出来，提高CG设计的构图与线条组织能力。

SHEJI YU HUIZHI GUANGGAO
XUANCHUAN CHAHUA

单元概述

本单元学习广告宣传插画的设计与绘制。一般广告宣传插画的要求比较苛刻，因为它是商业插画，需要体现其商业价值，这样就要考虑作品的创意与表现方法。本单元将学习线稿的绘制与修正方法，主要包括人物角色的五官、表情、发饰以及服装配饰等内容的设计与绘制方法；场景空间、景物的设计与绘制方法，准确地把握广告宣传插画角色的造型特征，并通过创作草样、线条修正、使用配色方案将其表现出来，提高CG设计的构图与线条组织能力。

单元目标

1）掌握广告宣传插画的设计与制作流程及技术要点。
2）能熟练使用"画笔工具"完成人物线稿。
3）能够根据"单元情境"完成对广告宣传插画的整体配色。
4）能掌握人物和场景设计的CG表现技巧。
5）具备人物服饰和道具的设计与绘制能力。
6）具备场景设计合理构图的能力。
7）通过本单元的学习，了解广告宣传插画及它的表现形式，并懂得欣赏作品。

单元情境

本单元将以绘制商业插画——打鱼少年来进行讲解。"打鱼少年"的相关文字设定如下：

很久以前的一个严冬，北方湖畔的一户普通的渔民家庭陷入了绝境。大风掀翻了他们的渔船，恰好又赶上渔夫重病缠身。天寒地冻，债主上门，他们该怎样渡过这个难关呢？

16岁的少年安慰父母："你们别怕，我有办法。"说完这话，他喝下三大碗热粥后就出发了。没有渔船，没有渔网，怎样打鱼啊？只见这个16岁的少年，迎着刺骨的寒风，一头扎进了冰冷的湖水中。这时，奇迹出现了，成群结队的鱼向少年的身边靠拢，并在其的身体周围游着。少年咬着牙，轻而易举地将鱼儿捉住。原来，这个湖中生活着一种尖尖鱼，每当寒潮来时，它们都有很强的趋热性。孩子正是利用自己身体的温度，吸引了大量的尖尖鱼。

从此，打鱼少年用自己的勇敢为家人带来了幸福生活。打鱼少年的形象，如图2-1所示。

图 2-1

项目1 设计与绘制
人物角色

项目概述

　　人物角色的造型设计是表现人物性格特征的重要手段，本项目通过对"单元情境"的理解，使用photoshop软件完成人物角色线稿设计与绘制，即完成角色的表情与动态和服装及配饰设计与绘制。线稿绘制完成后，对线稿进行修正，能够依据"单元情境"对人物角色进行本色演义，如图2-2所示。

图 2-2

项目流程

使用Photoshop绘制人物线稿的工作流程，如图2-3所示。

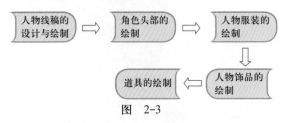

图 2-3

任务1 设计与绘制线稿

任务概述

绘制线稿是进行人物形象造型设计与绘制的关键步骤。绘制线稿的方法一般分为两种，一种方法是在纸上手绘线稿，然后进行扫描、去杂点儿和修正线条等操作，完成线稿；另一种方法是直接在计算机中进行绘制并修正线条。本任务通过分析打鱼少年的性格特点，完成对打鱼少年的角色设计，并在计算机中进行草稿绘制与线条修正完成打鱼少年的人物角色线稿的设计与绘制。

任务目标

1）能正确分析人物的性格特点及服饰特色，完成宣传插画中人物角色的设计。
2）掌握商业插画的设计与制作流程及技术要点。
3）具备运用线条表现人物特点的能力。
4）具备熟练应用"画笔工具"的能力。

任务分析

打鱼少年的外形设计考虑到年代特点，综合了多方面的素材，如卡通元素的五官，渔人的斗笠，汉代的右衽服饰，融入了西北少数民族风格的项链等在造型设计时将各种元素融合到一起，在经过变化后使各部分都能嵌套在一起，成为具有美感的作品。

将少年的头发设计为短发，有刘海，发尾有自然翘起。五官绘制时的主要特点为一双大眼睛和露出笑容的嘴巴，体现出打鱼少年是个乐观、上进、稳重的少年。

使用Photoshop绘制线稿的工作流程，如图2-4所示。

图 2-4

 任务实施

1. 绘制线稿

1）本任务选择直接在Photoshop中画线稿。打开Photoshop，新建文件，使用"画笔工具"，大小设置为1，首先新建"轮廓"图层，在该层中使用较为简洁的线条确定人物在画面中构图的位置和大概的动态，如图2-5所示。

图 2-5

2）将"轮廓"图层的透明度降低，在"轮廓"图层上新建一层命名为"线稿"层，依照轮廓图层的人体结构进行线稿的绘制，如图2-6所示。

图 2-6

2．修正线条

1）进行修正线条的工作，找出缺漏的部分和杂线，结合"画笔"和"橡皮擦"把多余的线条去掉，如图2-7所示。

提示：可以在"画笔"选项里调整不透明度，这样就可以改变画笔的浓淡，调整强度来修改。

注意：线稿上断掉的部分可以用画笔工具补回去。如果直接绘制，则修改的部分会变得很明显。

图　2-7

2）线稿局部，如图2-8所示。

小技巧：绘制时用线要做到准、挺、匀、活。柔软的、偏丝绸质感的服装可以使用较圆滑和柔软的线条和转折来表现其柔软和轻薄，而偏向皮质的手部护腕则要用较硬朗的线来表现其硬度。

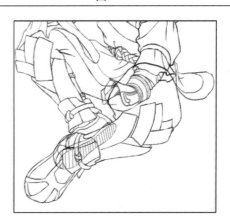

图　2-8

 任务评价

评价内容	分　值	评价标准	自评分数
角色设计的创意，构图	30	构图合理且富有创意，能够通过线稿准确地传达创意思想	
角色草稿的绘制	20	正确把握人物角色造型特点	
角色线条的修正	25	能快速对线稿进行修正，用线准确流畅	
常用绘制工具的使用	25	正确使用绘制工具，能在规定的时间内完成画稿并符合企业的制作要求	

学习单元 2

知识链接

1. 头部的画法

1）头部：绘画人物五官时，对于人物头部的各个角度变化使用两条"十字线"来帮助定位五官的位置，如图2-9所示。	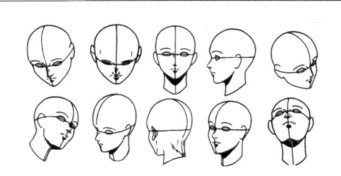 图　2-9
2）鼻子：和写实风格的鼻子相比，卡通风格的鼻子则进行了大量的忽略处理，有时只用一根线来表现鼻尖部分，鼻孔和鼻梁则完全不画出来，如图2-10所示。	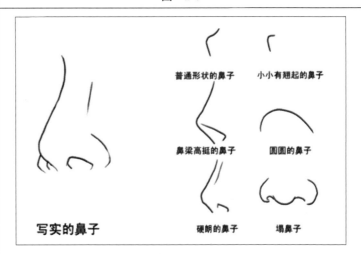 图　2-10
3）嘴：和写实风格的嘴部相比，卡通风格的嘴也是进行了大量的忽略处理，不画出嘴唇，只用一根线条和下唇线来表现，如图2-11所示。	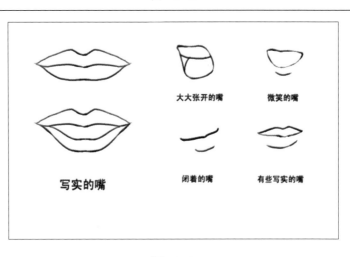 图　2-11

4）耳朵：和写实风格的耳朵相比，卡通风格的耳朵几乎不加变形，按照原样画出轮廓就行。有些风格也会作出一些简化，如图2-12所示。	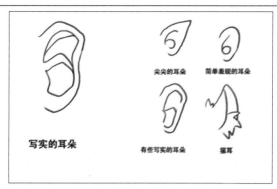 图　2-12
5）眉毛：和写实风格的眉毛相比，卡通风格的眉毛一般多用概括的形状表现出来，如图2-13所示。	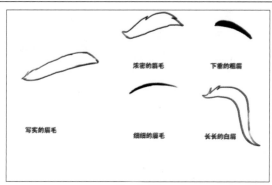 图　2-13
6）前发：前发是指在眼睛上边的部分和脸颊两侧的头发，前发有多种类形，如中分、偏分、露出额头、遮住眼睛的长刘海、齐眉等。前发是表现人物性格和特色的重要部分之一，如图2-14所示。	 图　2-14
7）后发：后发是指头部两侧或后脑部位的发辫，主要有长发、短发、单马尾、双马尾、小发辫、麻花辫、盘发几种。后发也是表现角色性格的重要部分，如图2-15所示。	 图　2-15

8）翘发：翘发是指头发中向上翘起的部分，有翘起和下垂两种。翘发的主要作用是丰富头发的层次和表现一些人物的性格，有的人物可不加翘发，如图2-16所示。	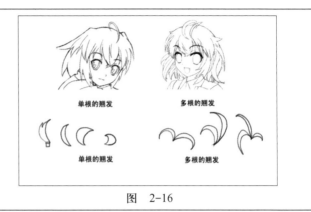

图 2-16

任务2　绘制角色头部

任务概述

　　一个没有表情的动漫角色就是一个缺乏灵魂的人偶，所以人物角色的灵魂是通过面部表情的细致刻画来实现的。本任务以短发打鱼少年为例，根据人物角色的性格特点对角色头部进行绘制，完成初步着色、明暗塑造、细节刻画等工作，在绘制过程中注意皮肤与眼睛的颜色搭配。

任务目标

1）掌握人物角色的面部五官及表情的设计与绘制技巧。
2）掌握完成人物角色发型与发色的设计与绘制能力。
3）能够熟练地对人物角色面部进行合理配色。
4）具备角色着色和明暗塑造的能力。
5）具备熟练应用画笔工具的能力。

任务分析

　　在进行人物上色处理之前，需要将线稿的细节处再次进行修正，确认无误后，才能开始上色。首先给皮肤上色。由于打鱼少年经常在露天里劳作，阳光晒得他肤色略深，因此要使用稍微重一些的棕色对肤色进行着色。在上色时，应注意受光面的肤色应亮一些，另一面脸颊的肤色略深。常见的肤色由浅到深的排列效果，如图2-17所示。头发是除五官之外最能代表一个角色特征的部分，不同的发色配上不同的发型，可以塑造出多种多样的角色形象。本任务中打鱼少年的头发使用银灰色不仅是为了搭配其服饰的色彩，还因为如果使用黑色则缺少变化显得呆板。

图 2-17

在眼睛、眉毛和嘴巴的绘制过程中，要仔细地处理五官周围的阴影、高光和暗部，使面部五官看起来更有立体感。同时可以适当使用一些淡红色，使脸部颜色变得更丰富。

对角色脸部上色的工作流程，如图2-18所示。

图 2-18

 任务实施

1. 初步着色

1）首先新建"面部"图层，使用"选择工具"选取面部选区，借助"油漆桶工具"填充所选肤色，如图2-19所示。	 图 2-19
2）建立"眼睛"图层并使用"选区工具"配合"油漆桶工具"为眼睛填充棕黑，同时还要绘制出眼白，如图2-20所示。	 图 2-20

3）进行头发上色前再检查一下线稿是否清晰完整。新建"头发"图层，选择头发部分，使用"油漆桶工具"填充灰色底色，如图2-21所示。

注意：为了配合服装和配饰的设计，这里人物发色选择使用灰色。

图　2-21

2．明暗塑造

1）在背光的脸颊和鼻子上画出阴影。阴影的颜色应选择比皮肤颜色更深的颜色，如图2-22所示。

提示：画阴影时要耐心仔细地处理。阴影的走向要顺着脸部的走向来画，鼻子部分的阴影不要太大、太明显，否则会显得脸部有些脏。

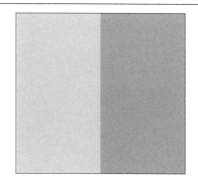

图　2-22

2）在眼睛、眉毛和嘴巴的绘制过程中，要仔细地处理五官周围的阴影、高光和暗部，使面部五官看起来更有立体感。在反光部分加入一些淡红色，使脸部颜色变得丰富，如图2-23所示。

小技巧：嘴部的处理要注意不要过于写实，略微处理一下上、下唇的阴影即可，否则画风不统一。慢慢地用笔刷在脸上绘制出红晕，注意头发不要太重，淡淡一层就可以了，最后在脸上点上高光便处理完成了。

图　2-23

3）为了表示头发光泽感和确定光源，可以首先在角色头顶的部分使用较亮的颜色进行绘制，如图2-24所示。

小技巧：发丝边缘部分不易控制，因此，可以在图层面板中选择"保持图层透明度"复选框，即可避免在绘制过程中出现颜色溢出的现象。

提示：头发的明暗塑造主要由整体头部的明暗塑造和发丝的明暗塑造共同完成

图　2-24

4) 使用"画笔工具"，使用亮灰色绘制出头发的高光部分，再用深一些的灰色作为阴影，表现出头发的立体感与层次感，如图2-25所示。

提示：在绘制时要考虑头发的受光角度，使头发的受光面统一。绘制发丝和绘制面部一样都是反复描摹的过程，需要耐心细致地绘制，将颜色和谐地融合在一起。

图 2-25

5) 处理好头发的明暗部分后，用较深的颜色按着头发的走向在脸部画出头发的阴影，如图2-26所示。

提示：处理头发投射到面部的阴影时，应注意与"面部"图层交替处理，适当在面部图层使用阴影色补充头发的阴影。

图 2-26

 任务评价

评价内容	分值	评价标准	自评分数
人物五官的绘制流程与方法	20	能够掌握并完成由"线稿→面部着色→明暗塑造→细节刻画"的一系列工作流程的方法	
五官的创意造型与绘制	20	能正确把握人物角色的五官造型特点，并能够准确绘制	
眼睛的绘制流程与方法	20	能够掌握眼白、眼球、瞳孔的塑造与表现方法	
常用肤色与眼睛着色的色彩搭配	10	能够掌握人物面部的亮部、暗部等部分的肤色特点	
头部光源的控制与明暗的塑造	10	能够运用造型相关的基础知识，完成头部整体与发丝的光源控制	
掌握人物头发的绘制流程与方法	20	能够按照任务要求，熟练完成卡通人物头发的绘制流程，其光源与投影表现符合要求	

 知识链接

1. 灵活运用图层的上、下排列关系来进行上色

在为有线稿的图层上色时，将线稿的混合模式设置为"正版叠底"，若想修改线稿的线条，可以在线稿图层之上新建一个图层，而后在新建图层上涂抹颜色，从而把不满意的线稿覆盖。当然，如果在上色时想保留原有的线稿线条，则可以在含有线条图层的下方创建一个新图层，而后再在新创建的图层上上色，这样就不会把原有的线稿线条覆盖。

2. Photoshop "钢笔工具" 的使用方法

在 "工具栏" 内选择 "钢笔工具"，在菜单栏的下方可以看到 "钢笔工具" 的选项栏。"钢笔工具" 有两种创建模式：创建新的形状图层和创建新的工作路径，如图2-27所示。

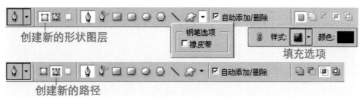

图 2-27

1) 创建形状图层模式。创建形状图层模式不仅可以在 "路径" 面板中新建一个路径，同时还在 "图层" 面板中创建了一个形状图层，所以如果选择创建新的形状图层选项，则可以在创建之前设置形状图层的样式，混合模式和不透明度的大小。

2) 创建新的工作路径。单击 "创建新的工作路径" 按钮，在画布上连续单击可以绘制出折线，通过单击工具栏中的 "钢笔" 按钮结束绘制，也可以按住<Ctrl>键的同时在画布的任意位置单击。如果要绘制多边形，则最后闭合时，将鼠标箭头靠近路径起点，当鼠标箭头旁边出现一个小圆圈时，单击鼠标，就可以将路径闭和。如果在创建锚点时单击并拖曳会出现一个曲率调杆，则可以调节该锚点处曲线的曲率，从而绘制出路径曲线。

3) 使用 "钢笔工具" 进行路径绘制时<Alt>键的作用。使用 "钢笔工具" 绘制路径时，按住键盘<Alt>键，可以快速切换 "钢笔工具"。此外如果绘画了一个路径，想要复制一个相同的路径，则只要选择工具栏中 "路径选择工具"，同时按住键盘<Alt>键，并拖曳，便会发现已经快速复制出一个相同的路径。

任务3　绘制角色服装

任务概述

服饰是体现出人类文明和艺术发展的产物，它由最早只起单纯御寒作用的皮毛，经过长期的演变成为现代充满设计感和艺术性的各种服装，各式各样的服饰明确和丰满了人物角色的形象特色与时代背景。本任务将根据角色所处时代和性格特点选择服装和色彩并进行绘制，从而体现人物的职业特征。

任务目标

1) 掌握图层的使用方法。
2) 具备人物角色服装上色的能力。
3) 具备熟练应用绘制工具的能力。

任务分析

打鱼少年的服饰融合了汉代服装的特点，在此基础上为表现少年的活泼设计了斜襟的外袍代替渔人常用的蓑衣，绑腿和护腕的设计也是为了表现少年的干练。

在少年服饰的配色上使用了丰富的颜色来表现少年的朝气蓬勃，与其银灰色的头发相呼应。在服饰的细节处理上要注意褶皱的变化，同时要注意布料材质比较柔软而护腕、绑腿等部分材质比较坚硬，在绘制时线条要有所区分才能表现出质感。

绘制打鱼少年服饰的工作流程，如图2-28所示。

图　2-28

1. 初步着色

1）新建"衣服"组，分别在"组"中为"中衣""护腕""绑腿""外袍""腰带"等几个部分建立单个图层，方便管理和对于局部的刻画。图层创建完成后，使用"油漆桶"进行填充上色。 　　*小技巧：填充的颜色尽量选取布料的固有色或者偏向暗部的颜色，这样可以方便后面对明暗的塑造，如图2-29所示。*	 图　2-29
2）创建"便捷色板"，如图2-30所示。 　　*小技巧：在填充颜色的过程中，重复的在"拾色器"中取色既不能够保证颜色的准确，又会浪费大量的时间，因此，可以新建一层，创建一个属于自己的"便捷色板"，可随时通过吸管与画笔工具来切换选色。*	 图　2-30

学习单元2

2．明暗塑造

1）为了表示服饰的受光感，进一步在平铺的颜色基础上绘制出明暗。选择19号涂抹笔刷，将流量调至7%。在平铺的颜色块上边仔细地刻画出明暗的过渡，如图2-31所示。

图 2-31

2）绘制明暗，塑造细节，如图2-32所示。

小技巧：画阴影时要耐心仔细地处理，阴影的走向要顺着身体的走向来画。角色外套的质感相对于腿部和肩部皮质材料来说是比较柔软的，因此在处理褶皱的阴影时，应该将其画得细小些，并通过褶皱的走向表现出身体的大致结构。人物腿部的装饰则较为坚硬，因此，需要将阴影适当的放大，而且线条也应更加清晰。

图 2-32

3．细节塑造

1）将服装的阴影处理好后，接下来进一步深入刻画服饰的细节部分。细节部分的刻画将以人物腿部装饰为例进行讲解，如图2-33所示。

提示：刻画细节时应该注意笔刷大小的控制。

注意：细节的刻画是一个逐步深入的过程，要有耐心逐步完成。

图 2-33

学习单元2

2）为小腿部分增加花纹，如图2-34所示。

图 2-34

3）刻画脚部分的细节，如图2-35所示。

图 2-35

4）刻画鞋带，如图2-36所示。

小技巧：为了达到明暗光影变化的目的，可以适当结合"加深"和"减淡"工具来进一步塑造立体感。

图 2-36

 任务评价

评价内容	分　值	评价标准	自评分数
掌握人物服装的绘制流程与方法	20	能够运用造型相关基础知识，完成服饰的塑造	
掌握绘制过程中图层模式的使用	30	能够根据作品的需要进行图层模式的选择正确使用	
掌握加深减淡工具的使用	30	能够按任务要求，熟练完成不同质感服装的绘制流程。明暗与投影表现符合要求	
了解各种服装与配饰的质感特点	20	能够了解各种服装的特点并能够进行塑造表现	

知识链接

1．服装类型欣赏

从三皇五帝到明朝这一段时期汉民族所穿的服装，被称为汉服。汉服是汉民族传承千年的传统民族服装，是最能体现汉族特色的服装，汉服的特点是交领、右衽、束腰，用绳带系结，也使用带钩等，给人以洒脱飘逸的印象，如图2-37所示。	 图　2-37
汉服有礼服和常服之分，从形制上看主要由"上衣下裳"制，（裳在古代指下裙）、"深衣"制（把上衣下裳连起来）、"襦裙"制（襦即短衣）等类型，这些都明显有别于其他民族的服饰，体现了汉族的民族特色，如图2-38所示。	 图　2-38
因为本任务绘制的是打鱼少年，所以可以根据生活中渔夫的形象进行一下创意与加工，如图2-39所示。在创作角色的服装时，既要表现汉服的美感，又要赋予其现代化的色彩含义；从款式上来说保留汉服的结构体系，简化汉服的琐碎细节，考虑人物所处的背景时代和家境，应表现出棉、麻类材质的质感。	 图　2-39

　　在今后的创作设计中，由于剧本的要求不同，可能会涉及多种款式的服饰，如欧式晚礼服、日常便装等，如图2-40～图2-43所示，也会因此涉及多种材质的绘制，如金属、皮革、毛皮等。

图 2-40

图 2-41

图 2-42

图 2-43

2．在Photoshop中为服装添加花纹的三种方法

1）使用"图案素材画笔工具"。

2）使用"油漆桶工具"中的"图案填充"。

①在Photoshop里打开需要添加花纹的文件。

②选择"油漆桶工具"中的"图案填充"命令，并设置面板选项。使用图案首先要确保"图案"素材里有自己所需要的图案花纹，或在互联网中下载。

③打开"图层面板"，新建图层，命名为"服装图案"。用"油漆桶工具"填充图

案，并将"服装图案"的图层混合模式改为"颜色加深"，也可以根据需要使用其他模式。

④ 最后可以根据需要，适当调整服装图案的颜色、亮度等。

3）直接使用"花纹素材图片"绘画。

① 打开要添加花纹的服装文件和花纹素材图片。

② 将花纹素材图片拖进服装文件内，并调整位置，恰好覆盖在需要添加花纹的地方。将花纹素材图片的图层面板上的"图层混合模式"改为"正片叠底"或颜色加深等其他图层模式。

③ 删除服装外多余的花纹素材图片。

任务4   绘制饰品

 ### 任务概述

配饰在古代通常有表示等级、区分贵贱、修饰容貌或作为赋予象征意义的赠礼等作用，其材质多以金、银、玉石为主。本任务考虑到打鱼少年的身份，为他设计了一条贝壳与兽骨穿在一起的项链，设计风格融入了西北少数民族的特点，同时还为少年设计了一顶渔人使用的草编斗笠。

 ### 任务目标

1）具备人物角色饰品的设计与绘制能力。
2）具备人物角色饰品上色的能力。
3）具备熟练应用绘制工具的能力。

 ### 任务分析

斗笠作为渔人特有的物品，在设计时予以原样呈现并没有多加变化。需要注意草编的斗笠编织方向与受光角度，在绘制时给予适当的颜色变化。

打鱼少年的项链参考了西北游牧民族喜欢用兽骨等材料串成项链作为装饰的特点，使用贝壳和兽牙串成项链给少年作为配饰，意在表现少年的能干与勇敢，也和他的身份相呼应。

绘制饰品的工作流程，如图2-44所示。

图 2-44

任务实施

1. 绘制草图并确定线稿

1）新建"斗笠"组，在组里新建"斗笠线稿"图层，绘制一顶斗笠的线稿，如图2-45所示。	 图　2-45
2）新建"项链"组，在组里新建"项链草稿"图层，使用画笔绘制按照圆弧形状摆放的贝壳和兽牙，如图2-46所示。 小技巧：绘制时用线要做到准、挺、匀、活。使用偏硬的线条表现贝壳和兽牙坚硬的质感。	 图　2-46

2. 初步着色

1）在"项链"组里新建"项链底色"图层，选中项链为选区，选择与皮肤相近的黄色填充底色，如图2-47所示。 注意：一定要在人物形象的基础上来添加配饰，注意配饰不能破坏人物的整体视觉感受，因此，本任务在选择项链颜色时没有选择纯白色而是选择了与皮肤相近的黄色，以此来表现项链的年代感。	 图　2-47
2）在"斗笠"组中，新建"斗笠底色"图层，选中斗笠轮廓建立选区，使用"画笔工具"，绘制棕色底色，再按照从中心向四周发散的规律，使用略深一些的棕色，绘制出斗笠的茅草质感。如图2-48所示。 小技巧：对于斗笠的茅草质感可以通过将"笔刷"调硬，再按照茅草斗笠的外观分层上色，同时调整笔刷的不透明度与颜色来完成。	 图　2-48

学习单元2

3．明暗塑造

1）在"项链"组里新建"明暗"图层，将画笔大小设置为19px，将流量调至7%，进一步在平铺的颜色基础上绘制出明暗过渡，如图2-49所示。	 图　2-49
2）在"项链"组里新建"阴影1"图层，依然将画笔设置为19px，将流量调至7%，绘制出项链右侧被头遮挡部分的阴影，如图2-50所示。	 图　2-50
3）在"斗笠"组中，新建"斗笠明暗"图层，按照茅草走势，交替使用深棕色与浅棕色，绘制茅草的形状和明暗，如图2-51所示。	 图　2-51

4．细节塑造

1）在绘制完成项链主体之后，对其进行细节刻画。在"项链"组里新建"细节"图层，使用"画笔工具"绘制一条穿起贝壳和兽牙的线绳，如图2-52所示。 *注意：绘制线绳时，应注意绳子穿过的方向与走势。*	 图　2-52

2）在"项链"组里新建"阴影2"图层，为项链绘制一些局部的阴影，使细节处更加立体，如图2-53所示。	图 2-53
3）在"斗笠"组中的"斗笠明暗"图层下面新建"斗笠阴影"图层，选择与斗笠底色相同的棕色，调整笔刷的不透明度为40%，在少年额头位置绘制草帽的阴影，如图2-54所示。	图 2-54
4）在"斗笠阴影"图层上面新建"帽带"图层，绘制一条绑在少年下颌的帽带，如图2-55所示。	图 2-55

 任务评价

评价内容	分值	评价标准	自评分数
掌握人物配饰的绘制流程与方法	40	能够运用造型相关基础知识，完成配饰的塑造	
掌握不同材质的配饰的表现方法	40	能够按任务要求，熟练完成不同材质配饰的绘制流程，并将明暗与投影表现到位	
了解各种配饰的质感特点	20	能够了解各种配饰的特点并能够进行塑造表现	

知识链接

古代女子发饰多种多样,有笄、簪、钗、环、步摇、凤冠、华盛、发钿、梳篦等,如图2-56所示。

发饰是女子不可或缺的装扮,在梳好的发髻后多用花和宝钿花钗来装饰。贵族女子多用珠宝、玉石等贵重的材料制作发饰,而一般百姓家的女子多使用简单的首饰或鲜花来装扮。

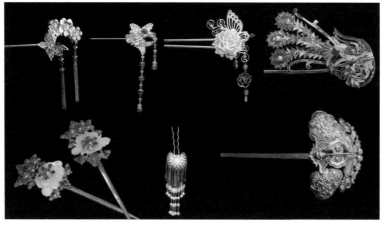

图 2-56

任务5 绘制道具

任务概述

卡通的道具多来自于人们生活中必备的基本物品,它们或是具有使用性,或是具有装饰性,可以是简单的生活品,也可以是自我保护的兵器,还可以是美丽的装饰品。在本任务中,打鱼少年的道具就是其手中的钓竿,是他赖以生存的工具。在本任务中结合故事内容和《姜太公钓鱼》的传说,为打鱼少年设计了普通的竹质钓竿和一枚直钩。

任务目标

1) 具备道具的设计与绘制能力。
2) 具备道具上色的能力。
3) 具备熟练应用绘制工具的能力。

任务分析

打鱼少年的钓竿取材参考了"姜子牙直钩钓鱼"的传说,即为竹制的钓竿配以一枚直

学习单元2

钩，在绘制时注意表现竹制钓竿的色泽和竹节的细节，鱼线要有韧度，鱼钩要锋利。完成后审视整幅作品，对细节处进行调整润色。

绘制钓竿和直钩的工作流程，如图2-57所示。

确定线稿 ⇒ 初步着色 ⇒ 明暗塑造 ⇒ 细节塑造

图 2-57

任务实施

1．绘制草图并确定线稿

新建"钓竿线稿"图层，使用画笔按照竹竿的形态绘制一根握在少年手中的钓竿，并绘制一枚直钩，如图2-58所示。

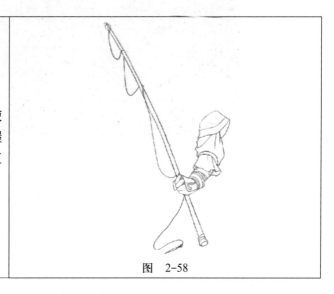

图 2-58

2．初步着色

1）新建"钓竿"图层，选取钓竿部分，使用"渐变工具"，设置渐变为"线性渐变"，在"渐变编辑器"中设置颜色为中黄和棕黄色渐变，如图2-59所示。

图 2-59

2）在"钓竿"图层里，使用"线性渐变工具"，沿着钓竿方向，绘制渐变，如图2-60所示。

小技巧：使用"渐变工具"绘制钓竿目的是表现竹子的竹节质感。因为竹子的光滑质感，所以比起用画笔绘制光感，用"渐变工具"更加简单便捷。

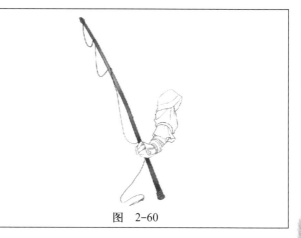

图 2-60

3．细节塑造

1）在"钓竿"图层上新建"钓竿细节"图层，使用灰色为钓竿绘制包裹钓竿头、尾的布，因为钓竿长期使用，所以使用灰色表现质感，如图2-61所示。

图 2-61

2）在"钓竿细节"图层里，绘制鱼钩，如图2-62所示。

注意：鱼钩绘制时要注意光感，表现出鱼钩的锋利。

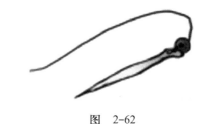

图 2-62

4．完成效果

完成整个钓竿的绘制之后，检查整体是否有漏色，阴影与高光角度不对等问题，如图2-63所示。

小技巧：在修饰细节时，一定要边按<Alt>键边吸色。熟练使用快捷键，可以提高绘画的速度。

图 2-63

任务评价

评价内容	分 值	评 价 标 准	自评分数
掌握道具的设计与绘制流程与方法	40	能够运用造型相关基础知识，完成道具的塑造	
掌握竹质钓竿的表现方法	40	能够按任务要求，熟练完成竹质道具的绘制流程，明暗与投影表现符合要求	
掌握金属鱼钩的表现方法	20	能够按任务要求，熟练完成金属质地道具的绘制流程	

知识链接

　　姜太公又名姜尚，他出身低微，前半生可以说是漂泊不定、困顿不堪，但是他却满腹经纶、壮志凌云，深信自己能干一番事业。他每天在渭水垂钓，他钓鱼的方法很奇特：鱼竿短，鱼线长，用直钩，没渔具，钓竿不放进水里，离水面有三尺高。他一边钓鱼一边自言自语："太公钓鱼，愿者上钩"。姬昌兴周伐纣，迫切需要招揽人才，他断定年逾古稀的姜子牙是栋梁之才，于是，他不食三日，沐浴更衣，带着厚礼，亲自前往聘请姜尚。后来姜尚辅佐姬昌兴邦立国，又帮助周文王的儿子周武王灭掉了商朝，后被周武王封于齐地，实现了建功立业的愿望。

　　结合这个故事和本任务中的故事背景，为打鱼少年设计了一根竹质的直钩钓竿，如图2-64所示。

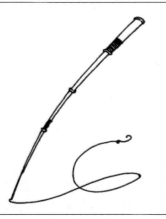

图　2-64

项目拓展

　　按照项目拓展绘制要求完成如图2-65所示的角色，并根据评价标准进行正确评价，见表2-1。

表2-1　拓展训练评价表

项目拓展绘制要求	评价标准
在装备的设计上，注意装备的材料要有软有硬、有简有繁、有松有紧地搭配	能够充分展现角色的装备
在色彩的设计上，注意主要色彩尽量少，比例要有所不同	能够完成角色色调的配色方案
注意角色身体语言所体现出的角色特点	能正确分析人物性格特点，完成人物角色的设计

图　2-65

项目2　设计与绘制场景

 项目概述

　　场景的设计与制作是艺术创作与表演技法的有机结合，场景设计师要在符合插画总体风格的前提下针对插画的特定内容进行设计与创作，插画的场景设计不但是衬托主体、展现内容不可缺少的要素，更是营造气氛、增强艺术效果和感染力、吸引观众注意的有效手段。从色彩和造型的表现角度来看，场景分为写实风格和卡通风格。写实背景色彩饱和度相对较低，造型比例真实；卡通背景色彩饱和度相对较高，造型比例较夸张。本项目通过绘制打鱼少年的场景，掌握宣传插画中卡通风格场景中天空、云、礁石、瀑布等内容的CG实现。完成后的场景，如图2-66所示。

图　2-66

项目流程

绘制"打鱼少年"中场景的工作流程，如图2-67所示。

礁石的设计与绘制 ⟹ 天空的设计与绘制

图 2-67

任务1 设计与绘制岩石

任务概述

场景即人物角色所处的空间场所，涉及人物角色的社会时代和自然环境，是烘托主题突出人物角色的重要手段。设计场景首先要在符合人物角色的时代背景、地域特征前提下确定风格；其次，要注意构图中的透视关系，分清近景、中景和远景；第三，注意场景的色彩配置及对整体画面的控制。通过本任务实施，完成宣传插画场景空间的布局与设计工作，把握场景设计与绘制中的构图、透视、近景和远景的CG实现，完成宣传插画场景中礁石的设计与绘制，掌握场景设计中山石的绘制方法和CG实现，学习将图片素材与手绘相合的绘制方法。

任务目标

1）具备场景设计与合理构图的能力。

2）具备运用线条和色彩表现场景的能力。

3）具备熟练应用Photoshop中的"加深"工具和"减淡"工具，绘制出明暗关系的能力。

4）具备通过熟读剧本，明确故事情节的起伏及故事的发展脉络，表现出作品所处的时代、地域及人物的生活环境，分清主要场景与次要场景的能力。

5）找出符合剧情的相关素材并将其运用在场景中，并把它们用活、用真，使读者身临其境。

任务分析

在设计场景时首先需要使用较为概括的线条确定场景的空间布局，注意透视关系。本任务根据打鱼少年盘坐形象为他设计的场景是他坐在一块巨大的岩石上，身后是水花四溅的瀑布。

根据这一设定绘制线稿，绘制出阴影位置，在绘制时注意山石边缘是岩石断面，所以绘制时应注意线条不能过于柔软，要表现出岩石的质感和特点。同时参考打鱼少年的受光角度，保证光照角度一致，画面和谐。

打鱼少年身后的瀑布使用云层素材和瀑布素材，经过处理实现水花飞溅的效果。

"打鱼少年"场景绘制的具体工作流程，如图2-68所示。

绘制线稿 ⇨ 初步着色 ⇨ 完成效果

图 2-68

任务实施

1．绘制线稿

在Photoshop中，使用"画笔工具"，绘制突出的巨大岩石，包括岩石的断面，如图2-69所示。

提示：通过调整"画笔工具"选项里的"不透明度"，就可以改变画笔的浓淡。

注意：线稿上断掉的部分可以用"画笔工具"补回去。如果直接绘制，则修改的部分会变得很明显。

小技巧：使用"钢笔工具"勾线也是一种绘制方法。先用钢笔勾出路径，然后选择一个大小合适，颜色、样式均满足要求的画笔，单击鼠标右键，在弹出的快捷菜单中选择"描边路径"命令，在弹出的"描边路径"对话框中，在"工具"后的下拉列表框中选择"画笔"，并选择"模拟压力（Simu--Late Pressure）"复选框，这样填充的线条就是流畅的模拟线条而不是死板的，粗细一样的线。

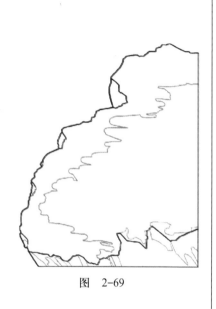

图 2-69

2．初步着色

1）首先选择"魔棒工具"，选择岩石正面部分，创立选区。然后再新建图层，设置岩石正面底色，使用油漆桶为其填充颜色，为岩石立面填充相应颜色，如图2-70所示。

图 2-70

2）使用"魔棒工具"在岩石正立面建立选区，新建图层，使用"画笔工具"在选区内进一步刻画岩石立面，绘制出岩石大块结构，如图2-71所示。

小技巧：使用"魔棒工具"选择选区，在选区内绘制既能保证立面和平面连接自然，又能够表现出岩石的边缘质感。

图 2-71

3）新建图层用于刻画立面细节。继续使用"魔棒工具"选中岩石立面，使用画笔绘制岩石立面，表现出光照效果，绘制出亮面和暗部，注意在绘制时画笔应根据需要调整大小，并应由上至下绘制保证岩石质感，如图2-72所示。

图 2-72

4）完成立面绘制后，使用"魔棒工具"选中岩石上面，新建图层，使用"画笔工具"在岩石上面绘制出岩石的纹理，并适当使用蓝色表现石头表面有积水的效果，以求达到写实的效果，如图2-73所示。

提示：自然界中的岩石断面是非常不规则的，在绘画时一定要注意到这一点。

注意：岩石表面的质感与阴影要画得自然些，否则会让人感觉非常不真实。

图 2-73

3．完成效果

1）处理好岩石之后，打开云层素材，将文件拖曳到背景文件中，放置在岩石图层之后并调整"填充"为22%，只需要隐约可见一点云层效果即可。

打开瀑布素材，将文件拖曳到背景文件中，放置在云层图层之前，考虑到瀑布过于真实，将"填充"调整为30%，"不透明度"为85%，如图2-74所示。在完成素材的调整之后，素材与云层效果叠加便会出现瀑布水花飞溅的动感效果。结合之前绘制完成的岩石，画面变得比较自然柔和。

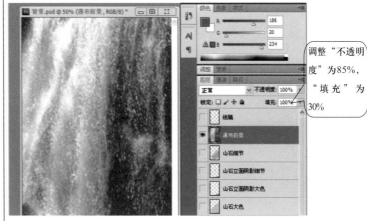

调整"不透明度"为85%，"填充"为30%

图　2-74

2）岩石与瀑布最终完成效果，如图2-75所示。

图　2-75

任务评价

评价内容	分 值	评价标准	自评分数
掌握点、线、面结合，做到合理构图	20	构图点、线、面结合，做到画面饱满、大气	
掌握场景中岩石的透视	20	能够掌握场景中岩石的透视，深入刻画物体的结构、体积、明暗、肌理等细节直至根据作品要求完成	
熟练掌握笔刷的使用	30	能够熟练地掌握笔刷的使用，并独立完成作品	
掌握常用绘制工具的使用	30	正确根据线稿绘制要求使用绘制工具，能在规定的时间内完成画稿并符合企业的制作要求	

知识链接

石头的画法

石头的结构分为两种，一种是由不规则的直线模块构成的结构，另一种是由不规则的曲线模块构成的结构。

（1）不规则的直线模块结构

以直线进行不规则图形的构成，并最终绘制出石头结构形态的步骤，如图2-76所示。

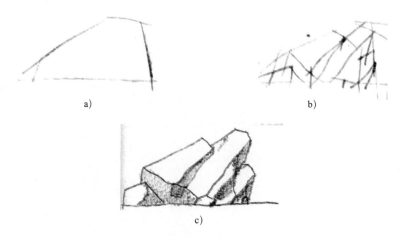

图　2-76

小技巧：在设计好石头结构的基础上，进行石头肌理的刻画，在深入刻画时应特别考虑光感、质感、透视。

（2）不规则的曲线模块结构

以曲线进行石头形象构成的步骤，如图2-77所示。

a)   b)

图　2-77

小技巧：在处理一大片石头时，将每一块石头都深入刻画很容易使画面发生呆板的情况。所以，在进行大场景绘制时，要将复杂的结构条理化，在表现一组物体时，要对其进行整体的概括，既要表现出单个物体的细节，又要表现出一组物体的整体感。

任务2　设计与绘制天空

任务概述

在绘制场景的过程中，要紧紧围绕着角色处的年代、地域，甚至角色当时的情绪来塑造。天空是场景中自然环境的重要组成部分，不同的天空是可以烘托出不同的主题，因此创作时还要考虑动画角色的情绪、影片的发展方向等。

任务目标

1）具备运用色彩表现场景的能力。
2）具备熟练应用场景创作的能力。
3）具备使用图片素材与手绘相结合的绘制场景的方法。

任务分析

本任务采用照片合成与Photoshop手绘结合的方法完成宣传插画中天空的设计与绘制。通过本任务的实施，掌握场景设计中天空和云的CG实现，同时学习把简单的图片素材与手绘相结合的绘制方法。

使用Photoshop手绘与素材相结合的场景绘制工作流程，如图2-78所示。

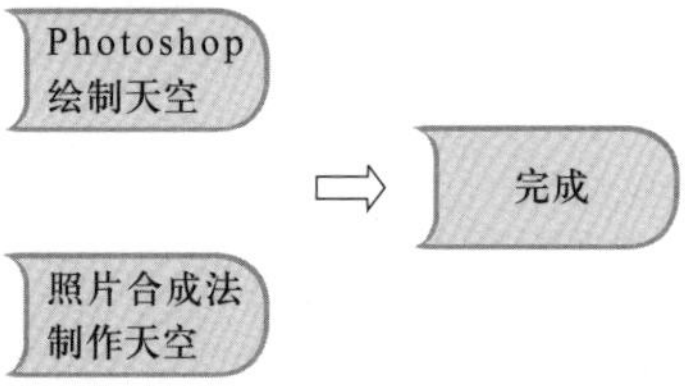

```
Photoshop
绘制天空    ⟹    完成

照片合成法
制作天空
```

图　2-78

任务实施

1. 绘制天空

1）打开Photoshop，新建一个500px×500px，背景图层为透明的文档。

2）执行菜单"编辑"→"填充"命令，或按<Shift+F5>组合键，打开"填充"对话框，在"使用"后的下拉列表框中选择"黑色"将背景图层填充为黑色。将背景色更改为#3E6CAA，前景色更改为#76B6F4。双击背景图层，弹出"图层样式"对话框中选择"渐变叠加"效果，设置如图2-79所示。

图　2-79

3）新增一个图层，命名为"云彩基层"，按<D>键将背景色和前景色设为默认值。执行"滤镜"→"渲染"→"云彩"命令，再执行"滤镜"→"渲染"→"分层云彩"，接着连续按两次<Ctrl+F>组合键，重复执行"分层云彩"滤镜两次，完成后的效果如图2-80所示。

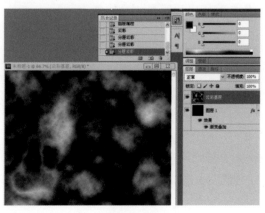

图　2-80

4）执行"图像"→"调整"→"色阶"命令，或按组合键<Ctrl+L>，打开"色阶"对话框并进行设置，从而提高图像对比。"色阶"对话框中的设置如图2-81所示。

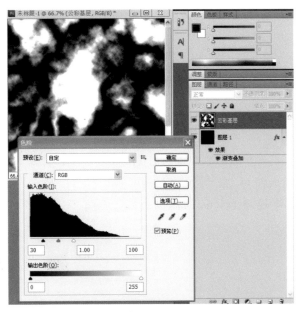

图　2-81

5）复制图层"云彩基层"并重命名为"3D云彩"。在"3D云彩"图层上，使用"滤镜"→"风格化"→"凸出"命令，打开"凸出"对话框，并设置"类型"为"块"；"大小"为2px；"深度"为30，且"基于色阶"；选择"立方体正面"复选框，如图2-82所示。

图　2-82

6）将"3D云彩"和"云彩基层"两个图层混合模式都设置为"滤色"，如图2-83所示。

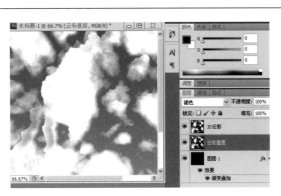

图　2-83

7）选择"3D云彩"图层，执行"滤镜"→"模糊"→"高斯模糊"命令，打开"高斯模糊"对话框，并设置半径值为1.6，如图2-84所示。

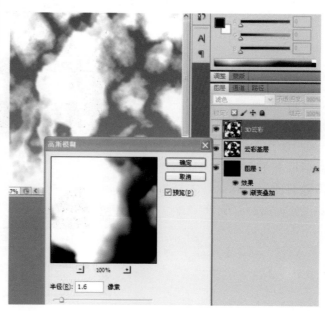

图　2-84

8）为云彩图层添加阴影，让云彩看起来不是扁平化的。选择"笔刷工具"，将画笔大小设置为42，"不透明度"为95%，"流量"为15%，如图2-85所示。

图　2-85

9）执行"选择"→"色彩范围"命令，打开"色彩范围"对话框，将颜色容差改为180。单击图像中没有云层的地方，然后单击"好"按钮，如图2-86所示。

注意：当人们看向天空时，光线是从云层上方照射下来的，所以云层中的阴影应该是在云层的底部。

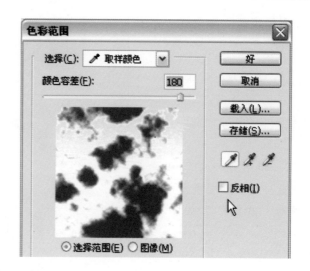

图　2-86

10）完成上一步操作后，将会给天空建立了一个选区，但该选区也选取到一点点云层。在"图层"面板中选择图层"阴影"，按<Delete>键，删除选区，再将图层"阴影"不透明度改为50%。

11）新增一个图层，命名为"阴影2"。选取"笔刷工具"并给云层添加阴影。注意云层上方不要使用阴影，在一个地方涂抹次数也不要超过1次。

12）执行"滤镜"→"模糊"→"高斯模糊"命令，打开"高斯模糊"对话框，设置半径为6.5，使云彩更真实，如图2-87所示。

小技巧：确定要绘制的背景是否有时间特定要求，例如，日景或夜景的要求，季节的要求等。除镜头特殊要求外，一般情况下绘制特定时间的背景有概念性光源色彩。

图　2-87

2．照片合成法制作天空

1）导入原照片，如图2-88所示。

2）设置图层的混合模式为"正片叠底"，如果素材图片的色彩太重，则可将不透明度降低，一般为50%左右。

3）增加蒙版，单击"渐变工具"，设置为条形渐变，从下往上拉渐变，使两张图片合成比较协调），可多调整几次，直至图片的下部分比较清晰为止。

4）调整色阶。

5）调整色彩平衡。

6）根据作品需求进行整体色调处理，最终完成作品。

注意：调色时注意，参数应根据每张照片的色彩以及作品要求进行调色。

图　2-88

 任务评价

评价内容	分值	评价原则	自评分数
掌握使用Photoshop绘制天空的流程与方法	40	能够根据作品需要独立完成天空的绘制	
了解照片合成的方法，并能掌握方法完成本任务	30	熟练掌握照片合成法，并可以独立完成作品	
能够根据剧本对整体色调进行处理	30	可以根据宣传插画的需要进行整体色调的调整，并符合作品要求	

知识链接

1. 天空中云的画法

在场景设计中，自然景观占有非常大的比重，绘制天空实际上绝大部分工作是在绘制云。云在作品中占有很重要的位置，它不单是场景的一部分，有时更是表演的角色。如白云会给人开朗和愉快之感，灰云会让人感觉气氛沉闷，黑灰的色云给人造成恐惧和压迫感，条状的彩色云在天空像彩带飘舞，给人一种浪漫的情怀等。

1）块状云在画云前首先考虑云的体积，明确云的结构。云的基本结构主要是立方体或长方体，在这个结构上，根据光源画出明暗，分出黑、白、灰几个组成立方体的基础色阶，然后在这3个面的基础上设计云的外轮廓，如图2-89所示。	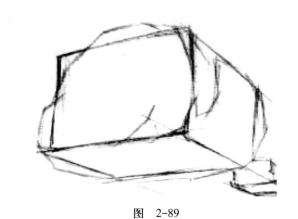 图 2-89
2）条状云。条状云类似细长长方体形状，条状云作为设计主体出现时，往往是在早晨或晚上的环境中，画面效果给人的感觉往往是浪漫、美好、神秘，它的特点是飘逸、灵动但不能表现大的恢宏之势，如图2-90所示。	 图 2-90
3）组合类云。组合类型的云是把大块的云和细长的云组合在一起，这种类型的云多用在气势恢宏的大场景中，表现出一种正气的、博大的、英雄的、不可抗拒的浩然之气，如图2-91所示。	 图 2-91

2．使用Photoshop手绘云

1）新建RGB文件并创建新图层，填充渐变色，如图2-92所示。 提示：设置前景色为#81C1E9，背景色为#2785DA，线性渐变垂直拉出背景。	 图　2-92
2）新建图层，选择"画笔工具"，选择45号笔刷，并设置画笔参数，如图2-93所示。	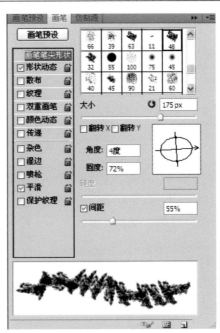 图　2-93
3）创建新图层，随意画些笔触，如图2-94所示。 注意：笔刷的直径与纹理中云彩的缩放样式保持一致大小，合理改变笔刷的颜色，可以制作出阴云密布的景象。	 图　2-94

学习单元2

4）执行"滤镜"→"模糊"→"动感模糊"命令，打开"动感模糊"对话框，设置角度为-22，距离182px，如图2-95所示。

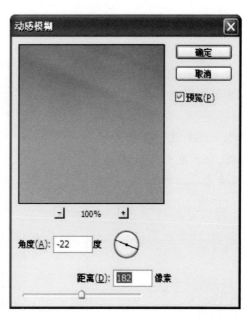

图 2-95

5）再次执行"动感模糊"命令，角度为27。再次执行"动感模糊"效果，如图2-96所示。

小技巧：这种绘制云的方法，一般应用于科幻或魔幻类的动画背景或插画中，根据不同的应用范围，云的绘制也各有不同，想绘制出细节富有变化的云层，需要多观察生活，多积累，就能够绘制出复杂的云。

图 2-96

项目拓展

1）按照要求完成如图2-97所示图片的绘制并根据评价标准进行正确评价，见表2-2。

表2-2　项目拓展训练评价表

项目拓展绘制要求	评 价 标 准
能够确定光源的方向与颜色，同时拉开近景与中景和远景的关系	能熟练运用所学知识，完成线稿的整体绘制
在色彩的设计上，注意主要色彩尽量少	能根据整体色调及绘制内容选择配色方案
注意气氛表达和配景的刻画，绘制出云雾	能够完成天空及云雾的绘制
画出山体的体积感，丰富画面	能够掌握绘制山石的画法，完成山的绘制

图　2-97

2）广告宣传插画的设计与绘制实战。

图2-98是某公司的一张宣传插画，请根据要求完成此插画。

① 理解故事剧本，进行宣传插画的创意设计。

② 广告宣传插画角色形象的绘制与表现。

③ 能够正确构图，处理透视关系完成场景的创意与设计，完成天空场景的表现。

图　2-98

实战考核评价表

实践考核内容	学 习 情 况
对于故事剧本的解读 理解故事剧本，进行宣传插画的创意设计	优秀（ ）良好（ ）较差（ ）
广告宣传插画角色形象的绘制与表现 完成角色表情、服饰、动态等一系列内容的设计与表现	优秀（ ）良好（ ）较差（ ）
广告宣传插画场景的创意设计 使用正确的构图、透视关系完成场景的创意与设计，完成天空场景的表现	优秀（ ）良好（ ）较差（ ）
广告宣传插画中图片合成法的掌握 掌握图片合成法，并可以独立完成任务	优秀（ ）良好（ ）较差（ ）
处理问题的能力 在绘制中对常见的问题能否自己进行解决	优秀（ ）良好（ ）较差（ ）
工作态度 态度认真、细致、规范	优秀（ ）良好（ ）较差（ ）
遵守时间 不迟到、不早退，中途不离开项目实施现场	优秀（ ）良好（ ）较差（ ）

单元总结

　　宣传插画对手绘能力要求很高，本单元将借助专业绘图软件的辅助作用，来强化训练手绘能力。Photoshop软件有很强的绘图功能，丰富的笔刷效果，让绘制者能够利用计算机随心所欲地表现自己的绘画功底。Photoshop中的各种功能对绘制者来说又多了一种绘图的技巧，利用它能绘制出更加精细的插图。很大意义上帮助绘制者完成绘画插图任务，合理地将手绘和计算机绘图结合在一起。

　　成功的插画作品的美感不能疏忽，因为美感是人类共同的语言，若插画作品不具备美感，就好像红花缺少绿叶一样，所以在表达人物动态时，一定要把美感表达得淋漓尽致，在生活中必须做到善于观察并捕捉生活中的气息，有敏感独到的眼光。

　　根据本单元绘制流程，宣传画绘制主要步骤回顾如下：

第1步：起稿不需要非常精细准确，画出大体的构图即可。

第2步：线稿完成后开始铺大色，优先考虑固有色，并根据情况完成整体铺色。

第3步：绘制过程中使用"画笔工具""选择工具""钢笔工具"等，修改、刻画细节。

第4步：画出重要角色与场景的关系，确定前景色与后景色。

第5步：再次进行整体的把握以及局部细节的调整。

学习单元2

UNIT 3
设计与绘制
游戏宣传插画

本单元将完成游戏人物插画的设计与绘制，包括人物角色的头部、身体、服饰和道具的设计与绘制，以及游戏场景的空间布局设计与绘制。通过完成本单元任务，掌握准确把握人物角色性格特征，并通过色彩进行表现的能力；有充分的想象力，能把人物刻画得生动、有视觉冲击力。完成过程中使用Photoshop软件配合数位板进行创作与绘制。

SHEJI YU HUIZHI YOUXI XUANCHUAN
CHAHUA

本单元将完成游戏人物插画的设计与绘制，包括人物角色的头部、身体、服饰和道具的设计与绘制，以及游戏场景的空间布局设计与绘制。通过完成本单元任务，掌握准确把握人物角色性格特征，并通过色彩进行表现的能力；有充分的想象力，能把人物刻画得生动、有视觉冲击力。完成过程中使用Photoshop软件配合数位板进行创作与绘制。本单元在绘画过程中使用了大量美术基础技法来表现角色的体积感和画面的空间感。作品在光影和色彩的表现上独具特色，画面色彩凝重、大胆且富有个性，着重表现出游戏人物插画的特点和技法，效果出众。本单元的绘画过程由"游戏人物角色的设计与绘制""服饰道具的设计与绘制""游戏场景的设计与绘制""整体合成与后期处理"4个项目来完成。

1）能熟练使用"画笔工具"完成人物的整体色调表现。
2）能根据性格特征，对人物和服饰道具进行细节处理。
3）掌握场景设计合理构图的能力。
4）掌握游戏人物插画的CG表现技巧。
5）掌握游戏人物插画的设计与绘制流程和技术要点。

本单元将以绘制游戏插画——精灵弓箭手为例进行讲解。"精灵弓箭手"的文案如下：
在这场与敌人旷日持久的战争中，弓箭手成了精灵族卫兵的主力部队，她们擅长远程射击、快速移动、潜伏等技能。这些勇敢的女战士们个个都是神射手。和所有女性精灵一样，她们可以在夜间隐形。她们在茂密、幽暗的森林和峡谷中出没，很少有敌人可以匹敌她们闪电般敏捷的身手。
安娜·迅影出生于著名的迅影家族，这个家族以超快的速度、超高的命中力而闻名，安娜更是其中的佼佼者。她冷静、坚毅，在战斗中能够灵活地处理任何突发状况，具有与生俱来的领袖气质，是迅影家族公认的下一任族长。
在向幽暗密林发起进攻的一场战役中，安娜从潜伏的暗影中现身，并弯弓搭箭，向敌人示警，如图3-1所示。

图　3-1

项目1　设计与绘制游戏人物角色

项目描述

　　根据游戏人物的性格特征进行整体色彩和细节的设计是游戏人物插画绘制的重要环节。本项目通过对单元情景的理解，分析游戏人物的特点，使用Photoshop软件完成人物角色整体色调的表现、角色的头部与身体的细节绘制。

项目流程

　　使用Photoshop进行游戏人物角色的设计与绘制，如图3-2所示。

游戏人物的特点分析 ⇒ 游戏人物头部的绘制 ⇒ 游戏人物身体的绘制

图　3-2

任务1　绘制人物草图

任务概述

　　绘制线稿和铺大色调是进行人物造型设计与绘制的关键步骤。本任务通过对"单元情境"的理解，分析出弓箭手安娜的性格特点，直接在计算机中进行绘制并修正线条，完成对弓箭手安娜的角色设计，并根据"单元情境"描述的场景特点铺设大色调。

任务目标

1）具备人物性格特征合理设计角色造型的能力。

2）具备运用色调表现人物特征的能力。

3）具备熟练应用画笔工具的能力。

任务分析

1. 分析弓箭手安娜的特点

根据"单元情境"的描述，安娜是一个女性精灵弓箭手，这里将她的头发设计为长发，可以更好地表现出动态美；她有一双尖耳朵，这是精灵的种族特征；挑起的眉峰、瞪大的眼睛和紧抿的嘴角，体现出安娜冷静、坚毅的性格特点。

2. 分析弓箭手安娜的服饰和动态

通过"单元情境"的描述可知场景的内容是与敌人的战争，而且安娜此时的动作是从潜伏的暗影中现身并弯弓搭箭，因此，将安娜设计成身穿轻型铠甲的女战士的形象，同时披着可以协助她潜伏的精灵斗篷。整体画面的色调设计为黄色和绿色系。

分析人物性格并绘制草图的工作流程，如图3-3所示。

图 3-3

任务实施

1. 绘制草图

1）在Photoshop中，新建文件，使用"画笔工具"，大小设置为2，新建"草图"图层，在该图层中使用较为概括的线条确定人物在画面中的构图和动态，如图3-4所示。

提示：在绘制草稿时，线稿的练习数量多了，自然而然地就会在头脑中形成属于自己的信息库，在日后的起稿绘制中慢慢形成"一锤定音"的能力。

图 3-4

学习单元3

2）将"草图"图层的透明度降低，然后在"草图"图层上面新建一层，命名为"线稿"。依照"草图"图层的人体结构进行较为精细的线稿的绘制，如图3-5所示。

提示：细化线稿时，应尽量刻画细致一些，以方便后期的上色和细节刻画。

图　3-5

2. 铺大色调

隐藏"草图"图层。将"线稿"的图层模式设置为"正片叠底"。在"线稿"图层下面新建一层，命名为"大色调"，结合"画笔工具"和"橡皮擦工具"为整幅画面铺设大色调，不要让画面无用区域空白太久，如图3-6所示。

这一步画的可以粗糙一点，主要是为后面的细致刻画作一个整体的铺垫，但以后的工作都要在这个整体的控制之中，因此，这个步骤也很重要。在选笔刷时可以选择带肌理效果的笔刷，这样画面才会显得有质感，质感会让画面更有亲和力。

提示：在"画笔"选项里通过调整不透明度和笔刷样式，可以随时调整画笔的浓淡和笔刷形状。这一步可以直接平涂，不必画明暗关系。

图　3-6

 任务评价

评 价 内 容	分　值	评 价 标 准	自 评 分 数
角色设计的创意，构图	30	构图合理且富有创意，能够通过线稿准确地传达创意思想	
角色线稿的绘制	20	正确把握人物角色的造型特点	
画面色调的设计与绘制	25	色调设计协调，绘制准确	
数位板的使用	25	正确、熟练地使用数位板，能在规定的时间内完成画稿并符合企业的制作要求	

学习单元3

知识链接

在Photoshop软件中自定义画笔的方法

1）在画笔属性栏里选择"画笔样式"，如图3-7所示。

2）在软件界面中打开"画笔预设"面板，在面板中可以对画笔的各项属性进行设置，如图3-8所示。

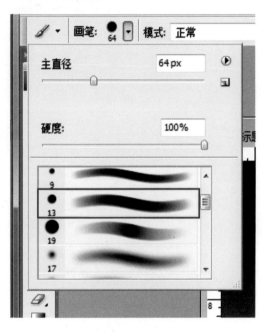

图 3-7   图 3-8

任务2   绘制人物头部

任务概述

本任务通过人物角色面部的着色、塑造明暗关系、刻画五官细节等，完成人物角色头部的设计与绘制，在绘制过程中注意发色与皮肤颜色的搭配。

任务目标

1）具备人物角色面部的着色和明暗塑造能力。

2）具备人物角色面部的细节绘制能力。

3）具备熟练应用"画笔工具"的能力。

学习单元3

任务分析

在游戏人物插画设计中，人物的面部绘制是非常重要的一个环节，往往决定着画面的成败。如果一个人物的面部画得不好看，那么这张作品几乎就已经失败了一半。所以，在绘制中要重点关注人物面部的明暗关系和色彩关系的刻画，尽量通过面部表情表现出人物的性格特征。对于初学者来说，建议建立多个图层来进行绘制，每个图层单独取个名字，看起来会更加方便。

绘制人物面部的工作流程，如图3-9所示。

图 3-9

任务实施

1. 初步绘制人物面部的五官和明暗关系

1）根据人物的大色调绘制出大致的五官和明暗关系。 　　2）在"图层"面板中"大色调"图层上面新建一层，命名为"面部"，使用"画笔工具"绘制出人物面部的明暗关系和五官结构，如图3-10所示。	 图　3-10

2. 绘制人物面部的细节

根据人物的性格特征，对人物的面部和五官加以细化，随时隐藏"线稿"图层观察画面效果，如图3-11所示。 　　提示：在上一步中已经基本确定了发色、肤色、五官的结构，以及明暗关系，在此基础上进行细化和调整。 　　注意：隐藏线稿后，在"面部"图层会发现很多"留白"，用画笔小心地补满颜色。	 图　3-11

学习单元3

3. 精细绘制人物面部的明暗关系和五官细节

1) 在"面部"图层上面新建"面部细节"图层，选择"喷枪钢笔不透明描画"画笔，对人物面部的五官和结构进行逐步细化，注意眉骨、颧骨和耳朵的结构表现，如图3-12所示。

注意：绘制时把脸部当作一个被右侧光源照射的物体，并在上面仔细地刻画出明暗的过渡。

图 3-12

2) 灵活运用"大小可调的圆形画笔"组，并配合使用喷枪画笔，精细绘制人物面部的五官，塑造一些细小的结构，如眼皮、下眼睑如何包住眼睛等。此步骤需要认真对待，需多次修改，如图3-13所示。

小技巧：绘制过程中根据画面效果随时调整画笔样式并进行画笔预设，尽量使用"大小可调的圆形画笔"组和"湿介质画笔"组，切勿使用缺乏变化的生硬笔触。

图 3-13

3) 配合使用"湿介质画笔"组和喷枪画笔，完成人物头部的整体调整，如图3-14所示。

提示：人物的肤色和发色要协调。在颧骨部位的肤色中稍微加些桔红色，会显得皮肤有光泽感。

图 3-14

学习单元 3

任务评价

评价内容	分　值	评价标准	自评分数
游戏人物面部的绘制流程与方法	10	能够掌握并完成"初步绘制五官和明暗关系"→"面部的细化"→"明暗关系和五官细节的精细塑造"这一系列工作流程	
人物五官的结构与绘制	20	能正确把握人物角色的五官结构，并能够准确绘制	
面部细节与明暗关系的精细刻画	30	能够掌握人物面部细节和明暗关系的塑造与表现方法	
肤色与发色的色彩协调	15	能够调整人物面部与头发的色彩，使之协调、美观	
数位板的使用	25	正确、熟练地使用数位板，在绘制过程中能正确地控制压感、完成画面细节的塑造，符合企业的制作要求	

知识链接

头部色彩的选择与绘制方法

画人物面部的时候经常会听到"建议多用些颜色，以免画面颜色过于单一"这样的建议，但使用过多的颜色又容易使画面显得"脏"，那么怎样上色才会让颜色有既丰富又好看呢？

1）先用笔刷画，半透明的颜色叠在一起，如红、黄、绿、蓝、紫等。

2）用"喷枪画笔""模糊工具"等进行模糊，模糊之后的色彩就是皮肤的固有色，这样颜色又丰富还不会脏掉，如图3-15所示。

3）绘画的时候使用画笔压力来控制颜色，注意颜色的过渡。嘴部要有虚实变化，鼻孔也不能画死，还要注意鼻子下方的阴影和反光。头像最重的地方就是下颌部分，因为整个头部的阴影就在那里。可多铺些色，一边铺色一边用"喷枪画笔"和"模糊工具"进行模糊，不停地叠加颜色上去，但明暗交界线还应表现得很清楚。

图　3-15

任务3　绘制人物身体

任务概述

人物的身体动作是除头部之外最能代表角色特征的部分。不同的身体动态可以塑造出各种不同的角色形象。本任务对弓箭手安娜的身体动态和结构进行绘制。

任务目标

1）能够运用色彩和明暗关系表现人体结构。

2）具备完成人物角色身体结构绘制的能力。

3）具备上色与明暗塑造的能力。

任务分析

本任将对角色身体进行精细刻画阶段。这个阶段一般会从角色的身体暴露在空气中的部分开始，因为这个部分在色相上比较明确，就是人体最基本的肉色。所以本任务选择这

学习单元3

个比较固定的部分入手，画完之后也能为其他部分的颜色做一个参照，能够更准确地把握后续进行的上色。

绘制人物身体的工作流程，如图3-16所示。

初步绘制人物身体 ⇒ 深入绘制身体结构 ⇒ 调整完成

图　3-16

任务实施

1．初步绘制人物身体的明暗关系

根据人物的动态绘制出大致的明暗关系，确定光源方向，如图3-17所示。

提示：在"大色调"图层上面新建一层，命名为"身体"，结合"画笔工具"和"橡皮擦工具"，为整幅画面铺设大致的明暗关系。

图　3-17

2．深入绘制人物身体结构和明暗关系

1）在"身体"图层上面新建"身体细节"图层，选择"喷枪钢笔不透明描画"画笔，对人物腹部的结构和明暗关系进行逐步细化，如图3-18所示。

注意：绘制时注意身体右侧的光源，仔细地刻画出明暗交界线和色调的过渡。随时隐藏"线稿"图层，观看效果。

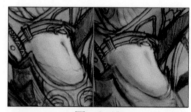

图　3-18

2）灵活运用"大小可调的圆形画笔"组，并配合使用喷枪画笔，用深一些的橙褐色表现出腿部的立体感与前后的空间感，如图3-19所示。

提示：在绘制时要考虑膝盖骨的结构，两条腿的受光部位要统一。耐心细致地绘制，将橙褐色与大色调的肤色协调地融合在一起。

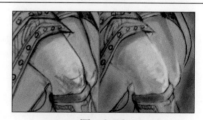

图　3-19

3）依据身体的明暗关系，用较深的颜色按着手臂肌肉的结构来画出手臂的暗部和反光。颜色注意不要太深，要和发色相协调，如图3-20所示。

提示：处理手臂的色调时，应注意与腹部和腿部相呼应，尽量使用同色系的颜色来绘制。

图　3-20

学习单元3

任务评价

评价内容	分　值	评价原则	自评分数
身体结构的表现与明暗的塑造	30	能够运用造型相关基础知识，完成人物身体结构和明暗关系的塑造	
掌握游戏人物身体的绘制流程与方法	20	能够熟练完成"初步绘制明暗关系"→"身体结构和明暗关系的精细塑造"这一系列绘制流程	
身体各部位的色彩协调	30	能够较好地处理身体各部位的色调，使之相协调、相呼应	
处理好画面的光源效果	20	光源与投影表现到位	

知识链接

1．人物的上色与光源设定的小技巧

1）开始涂色时，把线稿的透明度降低，在线稿下面新建一个图层，先平涂，并记得把图层分好，比如，头部和身体。同时把人物和背景图层分开，这样上色时会比较方便，互不干扰。

2）平涂完成以后就要开始铺大色调了。开始铺色之前先在脑中构想最终的画面效果，确定画面的光源方向。选择光源时尽量不要选择正面打光，这样光线会比较单一。因为在现实环境中，会有多个光源，还要有物体间的反射等的互相影响，所以画时，在保持画面所有物体光源统一的情况下，要适量的处理一些折射光源。有时可以自己主观塑造一些光源，让画面更加丰富。

2．常见的游戏插画中的人物姿态

请临摹并熟记这些常用的游戏人物姿态，便于今后进行创作。常用的游戏人物姿态，如图3-21～图3-23所示。

图　3-21

图　3-22

图　3-23

 项目拓展

　　按照项目拓展绘制要求临摹完成《小仙女》，如图3-24所示，并根据评价标准进行正确评价，见表3-1。

表3-1　项目拓展训练评价标准

项目拓展绘制要求	评 价 标 准
注意女性的腰部曲线感，确定光源，画出人物最初的体积感	掌握插画中常见的人物姿态，完成线稿的临摹与绘制
注意角色身体语言所体现出的角色特点	能正确分析人物性格特点，细致塑造人物的面部五官及身体动态
深入刻画，明确皮肤、头发、布料质感并加入特效	能够根据《小仙女》作品进行人物形象刻画和表现

图　3-24

项目2　设计与绘制服饰道具

 项目概述

　　根据游戏人物的性格特征进行人物的服饰和道具的设计是游戏人物插画绘制的重要环节。本项目通过对"单元情境"的理解，分析人物的特点，使用Photoshop软件完成人物角色服饰和道具的细节绘制，如图3-25所示。

图　3-25

项目流程

绘制服饰道具的工作流程，如图3-26所示。

图 3-26

任务1 绘制人物服饰

 任务概述

在游戏人物的设计中，女性角色的肢体动作显示出美丽的曲线能使画面更加优美，而服饰的设计恰恰能够体现女性角色的这个特点。本任务根据人物角色所处的环境和性格特点选择服装和色彩，完成对人物角色服装的设计与绘制，体现人物的职业特征。

 任务目标

1）具备人物角色服饰的设计与绘制能力。
2）具备人物角色服饰上色的能力。
3）具备熟练应用软件绘制工具的能力。

 任务分析

对于游戏宣传画的绘制，服装的设计一般要求比较华丽精致，从视觉上吸引玩家，所以角色的服装设计要优先考虑。这幅插画在设计人物服饰时增加了金属的比例，让角色更有战士的感觉。目前市面上这类魔幻题材的游戏很多，但风格又各有差异，要把握这些游戏的具体风格，宣传插画可以将游戏画面美化，但不能偏离游戏风格主线。

绘制游戏人物服饰的工作流程，如图3-27所示。

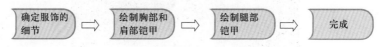

图 3-27

学习单元3

任务实施

1．根据人物特征确定服饰的细节

根据"单元情境"的描述和"弓箭手安娜"的线稿，最终确定了人物的服饰为轻型的金属铠甲。

为了体现出女性的美感，在铠甲上设计了凹陷的花纹装饰，同时设计了护腕和护腿，表现女射手的英勇与干练，如图3-28所示。

图 3-28

2．绘制胸部和肩部铠甲

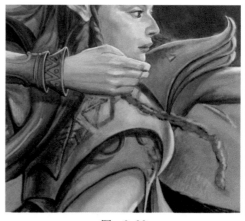

1）在"头部"图层下新建"铠甲"图层组，分别按照"胸甲""肩甲""护腕""护腿""披风"几部分建立单个图层，放在"铠甲"组中，方便管理和对于局部的刻画。

绘制时的画笔要随时调整，金属的胸甲和肩甲选用较硬的画笔来表现其坚硬的质地；偏向皮质的护腕要用较柔软的画笔来表现其质感，如图3-29所示。

小技巧：绘制铠甲的颜色尽量选取铺大色调时的颜色，或者偏向暗部的颜色，这样可以方便后面对明暗的塑造。

图 3-29

2）为铠甲绘制金属质感。使用"喷枪钢笔不透明描画"和"喷枪硬边圆13"画笔，随结构调整画笔直径大小，流量设置为80%。随时隐藏"线稿"层观察画面效果，如图3-30所示。

注意：绘制金属物体时，要仔细刻画高光、明暗交界线和反光，这是表现金属质感的重要组成部分。

图 3-30

学习单元3

3．绘制腿部铠甲

1）画出服饰的光感，在平铺的颜色基础上绘制出明暗关系。选择"喷枪柔边圆"画笔，将流量调至80%，绘制出明暗的过渡，如图3-31所示。

图　3-31

2）塑造腿甲的细节，画出体积感，如图3-32所示。

小技巧：画阴影时要耐心仔细的处理。阴影的走向要顺着身体的走向来画，但是腿部的护甲较为坚硬，因此，需要将阴影适当的放大，而且阴影边缘也应更加清晰。

图　3-32

3）选择"喷枪柔边圆"画笔，将流量调至50%，绘制出护腿明暗的过渡，如图3-33所示。

注意：受光面的处理，要和人物保持整体一致。

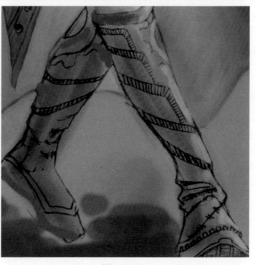

图　3-33

学习单元3

图 3-34

4）塑造护腿的细节，用较柔软的画笔来表现皮质护腿的质感，如图3-34所示。

提示：这一步是细节设计，并纠正一些上面没考虑仔细的结构、透视等问题，特别是人体结构，要一个部位一个部位地推敲，光影和透视在这一步都要尽量完善。

任务评价

评价内容	分值	评价标准	自评分数
掌握游戏人物服饰的绘制方法	30	能够运用造型相关基础知识，完成服饰的塑造	
了解金属和皮革质感的特点	10	能够了解服饰中金属和皮革质感的特点	
掌握金属质感的服饰的表现方法	30	能够熟练绘制金属质感的服饰，明暗关系表现到位	
掌握皮革质感的服饰的表现方法	30	能够熟练绘制皮革质感的服饰，明暗关系表现到位	

知识链接

1. 各种不同材质服饰的表现实例

在游戏插画的创作设计中，根据剧本要求的不同，会使用更多样的材质来表现服饰，比如，绸缎、轻纱、布料、毛皮等，材质不同的服饰表现出的效果也是不同的，如图3-35～图3-37所示。

图 3-35

图 3-36

图 3-37

学习单元3

2．关于笔触和材质的要点

（1）笔触详略得当

从审美角度看，一个画面切不可处处精致。处处精致等于没有精致，精致的部分还得通过适当的粗糙来映衬，一些大笔触往往就能起到陪衬作用，如图3-38所示。

图　3-38

（2）拼贴素材

CG设计的优点就是可以拓散思维，很多东西不拘一格，任由画者天马行空。因此，在考虑到动作合理性、功能合理性、角色职业合理性的前提下，在细节的设计上都可以进行大胆的尝试。对于游戏人物插画来说，画面往往更注重"厚度"和"穿插"，即注重材质的刻画。对于各种材质的表现，平时应当好好去临摹和写生各种光源下的各种材质，在还原肉眼所见的练习中寻找规律，再试着去默画，然后学会搜索素材图去拼贴，从中体会绘画的乐趣。

任务2　绘制人物道具

 任务概述

在游戏角色的设定中，兵器的设计是非常重要的一个环节，用来进行攻击和自我保护的兵器也可以是美丽的装饰品。在本任务中作为案例的游戏人物女射手的道具就是她手中的造型简洁的弓箭。本任务要完成弓箭的造型设计和色彩塑造。

 任务目标

1）具备道具的设计与绘制能力。

2）具备道具上色的能力。

3）具备熟练应用绘制工具的能力。

 任务分析

在道具的绘制过程中，首先应该考虑在固有色的选取上要有主色调、辅助色、点缀色等的配比，比如，弓箭是金黄色的，于是可以从金色的附近的相邻颜色（比如，绿色、橙色）中寻找可以与它搭配的颜色，再根据这个主色调找到一些辅助和点缀的颜色（比如，红色、紫色）。点缀色的饱和度可以较高，但是面积不能过大，否则就抢了主色调；辅助色面积可以比较大，但饱和度要比较低，同样是为了跟主色调配合起来和谐。

绘制弓箭的工作流程如图3-39所示。

图　3-39

1．绘制草图并确定线稿

1）将人物图层的不透明度调至60%，新建"弓箭"图层，选择"硬边圆压力不透明度"画笔，按照弓箭的形态绘制出造型，如图3-40所示。

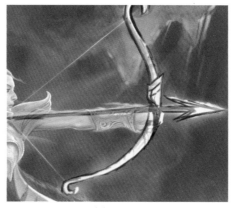

图　3-40

2）新建"色彩"图层，选取弓箭部分，使用"渐变工具"打开"渐变编辑器"，并设置渐变为"线性渐变"，设置颜色为中黄和棕黄色渐变，如图3-41所示。

小技巧：使用"渐变工具"可以快速便捷地将弓箭填充颜色。

注意：武器的颜色和质感是无法依靠软件调出来的，还是要在细化的过程中一笔笔画出来，用软件叠色和调整只是给画面一个色彩基调而已。

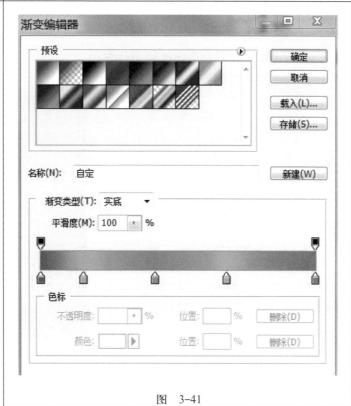

图　3-41

2．绘制弓箭

1）在"色彩"图层上新建"弓箭细节"图层，根据光源的方向进行整体明暗关系的塑造，同时对质感、光感、冷暖对比、虚实层次等要素进行绘制，如图3-42所示。

小技巧：在修饰细节时，在画笔状态下可以按<Alt>键吸取颜色。熟练使用快捷键，可以提高绘画的速度。

图　3-42

2）在"弓箭细节"图层里绘制箭头，通过光影效果表现出一种魔幻的味道，如图3-43所示。

注意：绘制箭头时要注意光感，表现出箭的锋利。

图　3-43

3．调整完成

完成整个弓箭的塑造之后，隐藏线稿图层，检查画面整体是否有漏色，阴影与高光角度是不是准确，色彩与人物的整体色彩是否协调等，如图3-44所示。

注意：很多同学虽然画很细了，但是看起来仍然完成度不高，而且感觉很平面，问题就在于常常忘记画反光。在素描关系里面，反光有着十分重要的作用，也是最复杂多变的一个调子。

要理清投影、明暗交界线、反光的关系，最简单的方法是检查一下该体块是不是最暗的地方在边缘的位置，如果是这样，则可能需要强调一下反光。除了投影之外，最暗的地方是明暗交界线，如果把暗部一直延伸到边缘，则一定是忘记画反光了。在画商业插画时反光尤其重要，它能帮绘制者清晰表达暗部的细节，满足造型的需求。

图　3-44

任务评价

评价内容	分 值	评价标准	自评分数
掌握道具的设计与绘制方法	10	能够运用造型相关基础知识，完成道具的塑造	
掌握弓箭的表现方法	20	能够按任务要求，熟练完成弓箭的绘制	
弓箭的色彩和体积塑造准确	30	能够较好地表现弓箭的明暗关系与色调，细节表现到位	
能处理好道具与人物的色彩关系	20	能够较好地处理道具与人物的色调，使之相协调、相呼应	
数位板的使用	20	正确、熟练地使用数位板，能在规定的时间内完成画稿并符合企业的制作要求	

知识链接

1. 游戏插画中道具设计的要求

1）熟悉游戏的背景环境（西方文化、东方文化），以及游戏的风格（玄幻、写实、Q版等），并通过这些方面确定插画中道具的大体风格。

2）了解游戏内道具的类型，包括各职业使用者（种族、性别、职业等）、职业的风格以及职业的特点等。只有对游戏公司提供的这些内容进行了充分的了解和把握，才能绘制出符合游戏特点的宣传插画。

3）在绘制道具的使用者时，要注意游戏中使用者的性别、角色（种族）、职业（门派）等几个设定，绘制的道具要与这些设定相协调。例如，网络游戏《梦幻西游》中，游戏道具和装备设定了性别限制，不同性别的角色使用不同的道具，提供给玩家由性别带来的美感；而《魔兽世界》中，游戏道具是没有设定性别限制的，可以体现同样的道具在不同性别角色身上的美感。这些在绘制游戏宣传插画时都要考虑到。

4）根据游戏的系统需求设定相关的道具，道具的外形要设计、绘制得绚丽。

2. 了解魔幻游戏中常见的兵器类型

在魔幻游戏中常见的兵器类型有弓、枪、剑、杖、斧，以及盾牌等，如图3-45~图3-50所示。

学习单元3

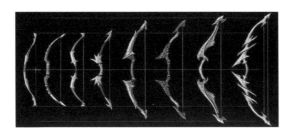

图 3-45

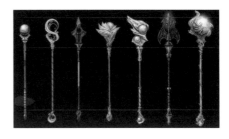

图 3-46

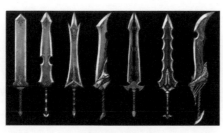

图 3-47

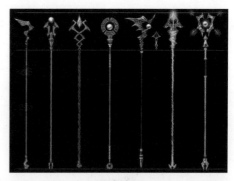

图 3-48

图 3-49

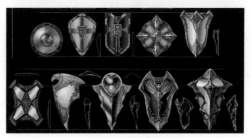

图 3-50

项目拓展

按照项目拓展绘制要求临摹完成一款武器，并根据评价标准进行正确评价，见表3-2。

表3-2　项目拓展训练评价标准

项目拓展绘制要求	评 价 标 准
在装备的设计上，注意装备的材料要有软有硬、有简有繁、有松有紧的搭配	能够运用造型相关基础知识，完成道具的塑造
在色彩的设计上，注意主要色彩尽量少，比例要有所不同	能够较好地表现道具的明暗关系与色调，细节表现到位
注意角色身体语言所体现出的角色特点	能正确分析人物性格特点完成人物角色的设计

项目3　设计与绘制游戏场景

项目概述

游戏场景在游戏中，会随时间的变化而发生变化。本项目将完成游戏场景的空间、布局的设计，以及山石、草木、云雾的绘制，如图3-51所示。

图 3-51

项目流程

绘制游戏场景的工作流程，如图3-52所示。

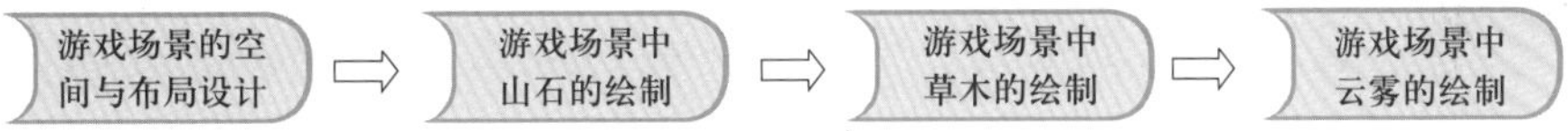

游戏场景的空间与布局设计 ⇒ 游戏场景中山石的绘制 ⇒ 游戏场景中草木的绘制 ⇒ 游戏场景中云雾的绘制

图 3-52

任务1 设计游戏场景

任务概述

本任务通过对"单元情境"的理解，分析出游戏场景的特点，绘制游戏场景草稿，确定场景色彩基调，进行铺大色调，完成对游戏场景空间与布局设计。

任务目标

1) 具备绘制游戏场景的造型和构图的能力。
2) 具备游戏场景草图绘制的能力。
3) 具备游戏场景色彩基调处理的能力。

任务分析

游戏场景的布局非常重要，游戏场景如果没有很好的布局，则场景中的各个元素就不可能得到成功的体现。

游戏场景经常使用"三分法"来进行布局。所谓"三分法"是通过"黄金分割定律"将画面从水平方向和垂直方向分别分成三部分，线条交叉的地方就是一个"黄金分割点"，也是放置焦点的最佳位置。

布局与设计游戏场景的工作流程，如图3-53所示。

绘制草图 ⇨ 细化线稿 ⇨ 铺大色调 ⇨ 完成

图　3-53

 任务实施

1．绘制草图

1）根据"单元情境"中的描述设计"幽暗的峡谷和树木"，直接在Photoshop中绘制。

2）新建画布，新建"草图"图层，使用"柔角画笔工具"，在该图层中使用较为概括的线条确定场景的空间与布局，如图3-54所示。

提示：绘制草图时尽量使用纯度较高的画笔，便于后期线稿的修改。游戏场景主要以一点透视为主，在绘制时注意透视变化。

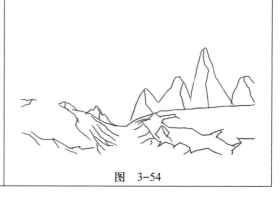

图　3-54

2．细化线稿

将"草图"图层的透明度降低。在"草图"图层上面新建一层，命名为"线稿"。依照"草图"图层的游戏场景进行较为精细的线稿的绘制，如图3-55所示。

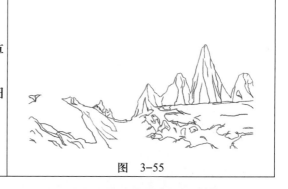

图　3-55

3．铺大色调

隐藏"草图"图层。将"线稿"图层的图层模式设置为"正片叠底"。在"线稿"图层下面新建一层，命名为"大色调"，结合"画笔工具"和"橡皮擦工具"，为整幅画面铺设大色调，如图3-56所示。

提示：可以在"画笔"选项里调整不透明度和笔刷样式，这样就可以随时调整画笔的浓淡和笔刷形状。这一步可以直接平涂，不必画明暗关系。

图　3-56

学习单元3

任务评价

评价内容	分　值	评价标准	自评分数
场景布局与设计构图	30	场景布局设计构图合理并遵从剧本内容	
场景草图的绘制	30	正确绘制草图，符合一点透视的原理	
场景线稿的修饰	20	线稿修饰精细，线条均匀、自然	
场景大色调的确定	20	色调把握准确，符合场景的感情基调	

知识链接

1. 确定游戏场景的基调

游戏场景的设计总是围绕故事主题进行的，而且游戏场景设计要和游戏情节的设计统一，根据游戏的内容进行游戏场景的设计。

从"单元剧情"中提炼出"弓箭手们的环境是幽暗的森林和峡谷"并且弓箭手常在夜间隐形，根据故事的情境来确定游戏场景是带有一定英雄主义色彩的、气势恢宏的、气氛庄严、肃穆的感情基调。

游戏场景的色彩基调分为色彩明度基调、色彩纯度基调、色相基调。色彩基调的形成分为自然光下产生的色彩和人为灯光下的色彩以及场景中大面积的岩石、成片的草木形成的色彩基调。

2. 分析游戏场景中的时空关系

游戏场景与游戏角色有着千丝万缕的联系。在时间关系上，在一定历史背景的前提下，制约着故事情景的发展与游戏角色动作的完成。

在空间关系上，游戏场景是游戏角色的活动空间，是游戏角色动作完成的有力支点，制约着游戏角色活动的范围。

"单元剧情"中弓箭手们常在夜间的森林和峡谷中活动，其中森林和峡谷是弓箭手们的活动空间，也是完成动作的有力支点，同时在与敌人这场旷日持久的战争的历史背景下，在向幽暗密林发起进攻的一场战役中，特定的历史背景决定了特定的游戏场景的视觉表达。

3. 如何与游戏角色配合

在游戏场景设计之前，一定要明确角色要进行哪些活动，要注意保持动画时空的连续性。

首先游戏场景是游戏角色活动的空间，也是游戏角色完成动作的有力支点，其次游戏场景设计时游戏角色肯定会和场景中的景物有一定的联系。

"单元剧情"中"弓箭手们在向幽暗密林发起进攻的一场战役中，其中安娜从潜伏的暗影中现身，并弯弓搭箭，向敌人示警"的情节明确了游戏角色的目的"发起进攻"并"弯弓搭箭，向敌人示警"，提示游戏角色的活动范围"幽暗密林"。对人物的空间活动进行统筹安排，抓住人物的性格从主要场次出发。

学习单元3

任务2　绘制山石

 任务概述

　　本任务通过学习山石的造型的划分，质感的处理，绘制的规律，完成游戏场景中峡谷的设计与绘制。在绘制过程中注意透视变化。

 任务目标

　　1）具备绘制山石造型的能力。
　　2）具备处理山石质感的能力。
　　3）具备掌握山石绘制规律的能力。

 任务分析

　　把石头看成一块不规则的六面体，并根据游戏场景的需要确认整体山石的受光面、侧光面、背光面，然后用不同色度的近似色涂在这三个面上，如图3-57所示。
　　石头的特征：坚硬，厚重，形状多样，表面纹理的随机性和它复杂的内部结构决定了石头丰富多彩的特性。为了在颜色的处理上过于花哨，可以采用"限色法"，确保色调的协调。"限色法"是指在对某一对象上色之前，设定固定的几种颜色，避免发生颜色杂乱的现象。

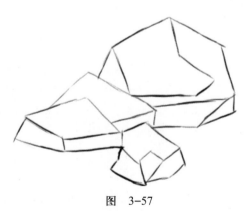

图　3-57

绘制游戏场景中山石的工作流程，如图3-58所示。

图　3-58

任务实施

1．绘制山石的明暗关系

　　根据游戏场景的色彩基调和透视关系绘制出大概的明暗关系。在"图层"面板中"大色调"图层上面新建一层，命名为"山石明暗"，使用"画笔工具"绘制出山石的明暗关系，如3-59所示。

　　提示：绘制山石的明暗关系的时候要注意透视的变化，游戏场景采用的主要是一点透视，所以通过色调与明暗的调节，绘制出近实远虚的视觉变化。

图　3-59

2．山石的深入刻画

　　根据游戏场景的特点，使用"喷枪画笔工具"，将流量调小，继续深入刻画，表现出山石的厚重的感觉。在"图层"面板中"山石明暗"图层上面新建一层，命名为"细节"，使用"画笔工具"绘制出山石的细节，最后隐藏线稿，如图3-60所示。

　　提示：

　　1）画笔流量控制。画笔流量越小，画笔出水量越小，从而可以绘制出更细腻的笔触来，经常被用于细节的刻画。

　　2）山石厚重感的表现技巧。山石厚重感和山石表面随机的风化纹理以及山石表面的划痕是表现石头质感的重要途径。

　　3）地面的山石的表现技巧。较大的石头和地面接触的缝隙要绘制较深的线条，否则石头像是浮起来的。

图　3-60

学习单元3

3．山石的色彩

1）在"图层"面板中"细节"图层上面新建一层，命名为"山石色彩"，将图层的混合模式设置为"叠加"，使用"喷枪画笔工具"绘制出山石的色调，加一些其他颜色，如绿色和蓝色，使石头看起来颜色更丰富。

2）最后执行"滤镜"→"扭曲"→"锐化"命令，进行锐化，提高山石的清晰度，如图3-61所示。

提示：滤镜的应用更能节省大量时间来提高工作效率并且能够做到画面统一的调整，也是区别于传统手绘的特点之一。

图 3-61

4．山石的质感绘制

在"图层"面板中"色彩"图层上面新建一个图层，命名为"质感"，使用有质感的"画笔工具"，调整画笔的间距，绘制出山石的风化质感，如图3-62所示。

提示：

1）山石的质感是由水和风力的侵蚀和风化造成。

2）同样的山石外形，作不一样的区域划分和填充，会有不一样的效果。

3）有质感的画笔，比如，滴溅画笔、自定义的画笔等。

图 3-62

任务评价

评价内容	分　值	评价标准	自评分数
山石的绘制流程与方法	30	能够掌握并完成"线稿"→"铺大色调"→"绘制明暗关系"→"细节刻画"这一系列工作流程	
山石的结构与绘制	20	能正确掌握山石的绘制规律，并能够准确绘制	
山石明暗关系与质感的深入刻画	30	能够掌握山石细节和明暗关系的塑造与表现方法	
山石的明暗与透视的统一	20	能够调整山石的整体色调，符合透视变化，符合剧情的要求	

1. 岩石的画法

岩石形成于地表深处，在一定区域和一定范围内的规律性很强，在通常情况下，出现在一个位置上的岩石的形态和肌理都是一样的。岩石的纹理概括分为两种：横向纹理，竖向纹理。

（1）横向纹理的岩石

这种纹理由横向排列、大小不一的长方体构成，在画时注意光源的影响的同时要遵循透视的原理，如图3-63所示。

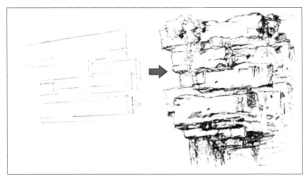

图　3-63

（2）竖向纹理的岩石

这种纹理由竖向排列、大小不一的长方体构成，具体的画法与横向纹理的岩石画法相同，如图3-64所示。

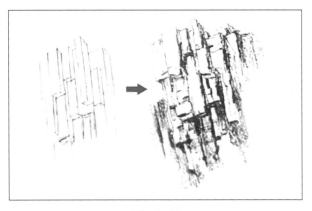

图　3-64

2. 山峰的结构与画法

山峰主要是由山脊和山肋构成的，有了这两部分，山峰的基本结构就有了。画山峰时要注意山脊是决定山形象及结构的最关键的部位，分布在山脊两侧的主要支撑山脊的结构线称为山肋，在绘制过程中要注意山脊的设计不能平均，要有变化，并要有节奏感，这样画出的山才挺拔漂亮，如图3-65所示。

学习单元3

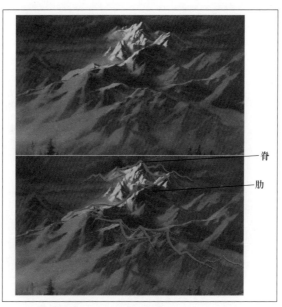

脊

肋

图 3-65

注意：绘制山时要注意透视关系，注意表现出视平线以上的山峰与视平线以下山峰的区别。

任务3 绘制树木

任务概述

游戏场景中的草木主要是幽暗的森林，成片的草木是构成场景色彩基调必不可少的一部分。本任务对游戏场景中草木的造型和结构进行绘制，在绘制过程中注意透视变化。

任务目标

1）具备绘制树木造型和结构的能力。
2）具备绘制树木线稿的能力。
3）具备对树木线稿上色的能力。

任务分析

根据"单元剧情"中"弓箭手们在茂密、幽暗的森林和峡谷中出没"的内容，可知草木的造型应该是茂密的，成簇出现的。根据整个场景的色彩基调确定草木的颜色。

首先树的造型要符合树的生长规律和基本结构，树的造型包括树根、树干、树枝和树叶4个部分。

绘制游戏场景中树木的工作流程，如图3-66所示。

图 3-66

任务实施

1. 绘制树的造型

根据游戏场景的布局绘制树的造型。在"图层"面板中"大色调"图层上面新建一个图层，命名为"树线稿"，使用"画笔工具"绘制树的造型，如图3-67所示。

提示：树冠的造型使用钢笔进行不透明描边，这种画笔可以根据笔触控制画笔的透明度，从而可以控制树冠的遮挡关系，符合场景的透视原理。

图 3-67

2. 树的明暗关系处理

根据游戏场景的色彩基调和透视关系绘制出大概的明暗关系。在"图层"面板中"树线稿"图层上面新建一个图层，命名为"树明暗"，使用"画笔工具"绘制出树的明暗关系，如图3-68所示。

提示：绘制树木的明暗关系时要注意透视的变化，游戏场景采用的主要是一点透视，所以通过色调与明暗的调节，绘制出近实远虚的视觉变化。

图 3-68

3．树的深入刻画

在"图层"面板中"树明暗"图层上面新建一个图层，命名为"树细节"。使用柔角画笔将画笔流量调小，绘制细节，如图3-69所示。

提示：树上色的细节树干的纹理可以使用纹理图片进行合成。树叶是椭圆状树叶，绘制时注意树叶边缘自然不要太过生硬。

图 3-69

4．树的颜色

在"图层"面板中"树细节"图层上面新建一个图层，命名为"树的色彩"，将图层的混合模式设置为"叠加"，使用"画笔工具"绘制出树的色调，加一些其他颜色，如红色和蓝色，表现周围环境色对树的影响，如图3-70所示。

图 3-70

  任务评价

评价内容	分　值	评价标准	自评分数
树的绘制流程	20	能够掌握树的绘制流程	
树的结构与绘制	30	能正确掌握树的绘制规律，并能够准确绘制	
树明暗关系的处理	30	能够掌握树细节和明暗关系的塑造与表现方法	
树的色调与透视的统一	20	能够调整树的整体色调，符合透视变化，符合剧情的要求	

学习单元3

知识链接

　　绘制树木应先观察树的整体特征，再观察树枝。以枯树或冬天的落叶树作为观察的对象，容易了解各种树的生长规律与基本结构。绘画时笔触稍微抖动一些，线条不要太直，避免把树画得太死。树枝绘制得不要太对称，也不要一个角度。树的根部绘制得不要太细，如图3-71所示。

图　3-71

1. 支干结构

　　树的整体形状基本决定于树的枝干，理解了枝干结构即能画得正确。树的支干大致可归纳为下面几类。

　　1）支干呈辐射状态，即支干于主干顶部呈放射状出权。

　　2）支干沿着主干垂直方向相对或交错出权，出权的方向有向上、平伸、下挂和倒垂几种，此种树的主干一般较为高大。

　　3）支干与主干由下往上逐渐分权，愈向上出权愈多，细枝愈密，且树叶繁茂，此类树型一般比较优美。

2. 树冠造型

　　每种树都有其自己独特造型，绘制时须抓住其主要形体，不为自然的复杂造型弄得无从入手，依树冠的几何形体特征可归纳为球形、扁球形、长球形、半圆球形、圆锥形、圆柱形、伞形和其他组合形等。

3. 树的远近

　　树丛是空间立体配景，应表现其体积和层次，建筑图要很好地表现出画面的空间感，一般分别绘出远景、中景、近景三种树。

　　1）远景树：通常位于建筑物背后，起衬托作用，树的深浅以能衬托建筑物为准。建

学习单元3

筑物深则背景宜浅，反之则用深背景。远景树只需要做出轮廓，树丛色调可上深下浅、上实下虚，以表示近地的雾霭所造成的深远空间感。

2）中景树：往往和建筑物处于同一层面，也可位于建筑物前，画中景树要抓住树形轮廓，概括枝叶，表现出不同树种的特征。

3）近树景：描绘要细致具体，如树干应画出树皮纹理，树叶亦能表现树种特色。树叶除用自由线条表现明暗外，亦可用点、圈、条带、组线、三角形及各种几何图形，以高度抽象简化的方法描绘。

任务4　绘制云雾

任务概述

云雾往往是仙境、梦境的重要标志。通过对"单元情境"的理解，游戏场景中的云雾是来衬托神秘的气氛并帮助弓箭手们进行藏身的有力武器。本任务通过对云雾特点的分析，绘制符合情境的云雾造型，并根据场景的整体色彩对其进行上色处理。

任务目标

1）能完成云雾的造型设计与绘制的能力。
2）能够运用画笔表现云雾的特点。
3）具备上色与明暗塑造的能力。

任务分析

根据云雾的特点分析"单元情境"可知在战争的历史背景下，有着精灵身份的弓箭手和整个场景的色彩基调一致，场景中的云雾能为战场增加更多神秘的色彩。

云雾造型的特点：
1）云雾造型松软、自然。
2）云雾体现立体感（亮面、暗部、明暗交界线、阴影过渡要自然）。
3）注意光线的角度和透视的变化。

绘制游戏场景中云雾的工作流程，如图3-72所示。

图　3-72

1. 云雾的造型绘制

　　根据游戏场景的色彩基调和透视关系绘制出云彩的造型。在"图层"面板中"大色调"图层上面新建一层，命名为"云雾造型"，使用"软质画笔工具"绘制出云雾，如图3-73所示。

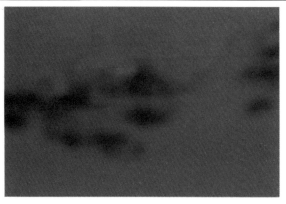

图　3-73

2. 云雾的明暗关系处理

　　根据游戏场景的色彩基调和透视关系绘制出大概的明暗关系。在"图层"面板中"大色调"图层上面新建一个图层，命名为"云雾明暗"，使用"软质画笔工具"绘制出云雾的明暗关系，如图3-74所示。

　　提示：云雾的样式会因为观察的角度的不同而有所变化。云雾的明暗和光线也是密不可分的。

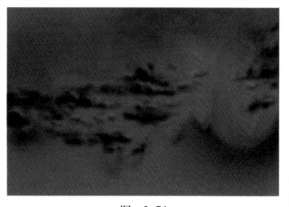

图　3-74

3. 云雾的细节刻画

　　在"图层"面板中"云雾明暗"图层上面新建一个图层，命名为"云雾细节"。使用"软性笔刷"绘制大体形状，"硬边笔刷"绘制类似烟雾或更小的云块来绘制细节，如图3-75所示。

　　提示：由于在左侧部分绘制的是大块的云彩，所以在右侧要绘制的稀松一些，将景深拉开。

图　3-75

学习单元3

4. 云雾的色调处理

在"图层"面板中"云彩细节"图层上面新建一个图层，命名为"云的色彩"，将图层的混合模式设置为"叠加"，使用"喷枪画笔工具"绘制出云彩的色调，表现周围环境色对云彩的影响，如图3-76所示。

图　3-76

任务评价

评 价 内 容	分　　值	评 价 标 准	自评分数
云雾的绘制流程与方法	30	能够掌握并完成"线稿"→"铺大色调"→"绘制明暗关系"→"细节刻画"这一系列工作流程	
云雾的结构与绘制	20	能正确掌握云雾的绘制规律，并能够准确绘制	
云雾明暗关系的处理	30	能够掌握云雾细节和明暗关系的塑造与表现方法	
云雾的色彩的处理	20	能够为云雾添加色彩并调整云雾的整体透明度和空间感，符合透视变化，符合剧情的要求	

知识链接

为了让云雾更加真实，可通过调整云雾的对比度和饱和度来实现。在Photoshop中执行"图像"→"调整"→"亮度/对比度"命令。

为了使云雾更加透明，增强神秘感，可以降低图层的透明度来实现云雾的半透明效果。

"涂抹工具"是Photoshop中非常常用的工具，首先使用喷枪柔角画笔根据垂直、水平、对角的方式来绘制云彩的大体形状，注意光影和云彩的立体感的处理。然后使用"涂抹工具"调整合适的强度。

项目拓展

按照项目拓展绘制要求完成如图3-77所示的画面，并根据评价标准进行正确评价，见表3-3。

表3-3　项目拓展训练评价标准

项目拓展绘制要求	评 价 标 准
明确环境色、体积感和前后的纵深感,确定一些细节的位置和形态	能正确分析场景空间布局
加入特效,深入质感、结构、空间关系	能够根据"单元情境"完成对场景中山石、树木、云雾的布局
深入刻画,注意虚实变化	注意色彩的设计,色彩的对比度,增强画面的感染力与生动感

图　3-77

项目4　合成与后期处理

项目概述

在完成游戏场景绘制之后,要进行游戏场景整体合成与后期处理。游戏场景整体合成与后期处理是为了增强视觉冲击力和美感,通过光效的添加、色调的调节以及细节的添加等方法来实现。

项目目标

1)能使用素材图片为场景添加岩石纹理。

2)能使用画笔为游戏场景添加光效。

3)能够根据"单元情境"完成对场景与人物的色调的调节。

项目实施

1. 添加纹理

1）在"山石色彩"图层上新建图层，重新命名为"山石纹理"，将纹理素材图片粘贴到该图层上，调整素材图片大小，如图3-78所示。	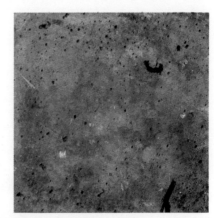 图 3-78
2）将纹理素材图片图层的混合模式设置为"柔光"并为纹理图层添加图层蒙版，使用黑色柔边画笔处理纹理边沿，如图3-79所示。	 图 3-79

2. 添加火焰

在山石的"山石纹理"图层上新建图层，重新命名为"火焰"，使用"喷枪柔边画笔"绘制，如图3-80所示。 提示：将画笔的透明度降低，表现火焰的半透明。	 图 3-80

3．人物与场景的合成

打开弓箭手的图像，按<Ctrl+A>组合键全选整个图像，再按<Ctrl+C>组合键复制图像，在场景图像中，新建图层，图层置顶，再按<Ctrl+V>组合键将复制的图像粘贴到新的图层上，然后绘制人物的投影，如图3-81所示。

图 3-81

4．调节整个画面色调

1）选择人物所在的图层，执行"图像"→"调整"→"色相/饱和度"命令，打开"色相/饱和度"对话框，设置如图3-82所示。

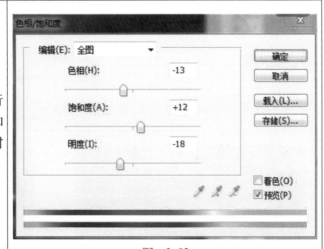

图 3-82

2）在"人物"图层上绘制环境色，最终效果如图3-83所示。

图 3-83

项目评价

评 价 内 容	分 值	评 价 标 准	自 评 分 数
山石的纹理处理	20	能够选择合适的纹理图案，正确将纹理添加到山石表面	
火焰的绘制	20	能正确掌握绘制火焰的方法	
人物与场景的合成	30	能够正确掌握图片合成的方法	
调整整个画面的色调	30	能够调整画面的整体色调，符合剧情的要求	

项目拓展

1）制作森林的光线特效并调整色彩，并根据评价标准进行正确评价，见表3-4。完成前的森林图片如图3-84所示；完成后的光线效果如图3-85所示。

表3-4　项目拓展训练评价标准

项目拓展绘制要求	评 价 标 准
使用色彩范围进行制作	能够通过色彩范围制作选区，完成任务
使用渐变制作光线特效	能够径向渐变制作光线特效，完成任务
调整色调和饱和度，使光芒的色彩和环境相融	可以调整画面色彩，完成任务

图　3-84

图　3-85

2）游戏宣传画实战

请根据本项目所学知识，完成如图3-86所示的游戏宣传画。

绘制要求如下：

① 熟练调整笔刷的大小和类型，完成人物角色的头部、身体、服饰、道具的绘制。

② 灵活处理场景与人物的虚实关系。

③ 能够对光源等细节进行精细刻画。

④ 熟练绘制人物服饰的不同质感。

图　3-86

实战考核评价表

单元三学习内容	学　习　情　况		
游戏人物角色形象的绘制与表现 完成人物角色的头部、身体、服饰、道具等一系列内容的设计与表现	优秀（　　）	良好（　　）	较差（　　）
场景的创意设计 使用正确的构图、透视关系完成场景的创意与设计，完成天空场景的表现	优秀（　　）	良好（　　）	较差（　　）
笔刷及材质的选择与使用 掌握笔刷与材质的灵活选择，掌握图片合成法，并可以独立完成任务	优秀（　　）	良好（　　）	较差（　　）
处理问题的能力 在绘制中对常见的问题能否自己进行解决	优秀（　　）	良好（　　）	较差（　　）
语言表达与沟通能力	优秀（　　）	良好（　　）	较差（　　）
工作态度 态度认真、细致、规范	优秀（　　）	良好（　　）	较差（　　）
遵守时间 不迟到、不早退，能够按要求完成实战练习	优秀（　　）	良好（　　）	较差（　　）

单元总结

　　在绘制作品的过程中，要注意掌握好画笔的性能，并配合数位板的压感和Photoshop软件的图层功能，使绘画过程更快捷、画面效果更丰富。

　　作品在处理人物及复杂的光源环境时，强调用光影的效果配合表现形体、用光影的效果突出画面整体的结构，使色彩更生动，画面的重心更统一。另外，在画面整体色调的搭配上，在稳定的深色调背景中，用纯度较高的颜色突出表现画面的主体，平衡整体的色彩关系，使画面节奏得到较好的平衡与协调。

绘制游戏人物插画作品时，要理解作品的个性空间是相对于社会空间而论的。它要体现自然环境、人文环境的影响，是对整体故事、剧情人物作出分析后所设定的环境描述。例如，通过画面的内容来表现故事发生的时间、地点、文化、角色身份、性格喜好等特征，并与故事情节、内容、人物设定直接相关。深入体会作品内容所处的社会空间的影响，再考虑作品的绘制，会使作品变得丰富而真实。

根据本单元绘制流程，主要步骤回顾如下：

第1步：起稿画出大体的构图。

第2步：线稿完成后开始铺大色，优先考虑固有色，拉开几个大色块的色彩与冷暖对比。

第3步：铺完大体的固有色后，可以在角色服饰上制作一些纹理，这样使画出的层次更丰富。

第4步：画出重要角色头部及身体的重要部位细节的体积感。

第5步：表现毛发质感和结构，体现空间的关系，色彩的深入。

第6步：画出大体的质感与气氛，进一步明确环境色、体积感和前后的纵深感。

第7步：再次进行整体的把握、局部细节的调整。

学习单元3

UNIT 4

设计与绘制
商品包装插画

本单元将完成矢量插画场景和人物角色的设计与绘制任务，主要包括场景、卡通角色的五官、服饰等内容的设计与绘制。完成任务过程中要准确把握卡通角色的造型特征，并通过勾线、线条修正、填充渐变颜色将其表现出来，提高CG设计与表现能力。

SHEJI YU HUIZHI SHANGPIN BAOZHUANG
CHAHUA

本单元将完成矢量插画场景和人物角色的设计与绘制任务，主要包括场景、卡通角色的五官、服饰等内容的设计与绘制。完成任务过程中要准确把握卡通角色的造型特征，并通过勾线、线条修正、填充渐变颜色将其表现出来，提高CG设计与表现能力。

1）能熟练使用"钢笔工具"完成场景和人物造型的勾线。
2）能够根据"单元情境"完成对线稿进行具有渐变的填色。
3）能掌握场景设计中合理构图的能力。
4）能掌握人物和场景的CG表现技巧。
5）能掌握Illustrator绘制方式下矢量插画的设计与制作流程。

本单元将要为故事《快乐冬季》绘制插画，如图4-1所示。《快乐冬季》故事内容如下：

在很远的地方住着一家人，这家有一个活泼的小女孩，她有一头长发，是家里的开心果。冬天，外面是白雪皑皑，银装素裹，天是那样的蓝，云是那样的白，小女孩子快乐地在雪地里跳着舞。她欢快地跳着，丝毫没有被严寒所影响。小女孩与雪景组成了一幅欢快的景象！

图 4-1

项目1 绘制矢量
插画场景

项目概述

使用Illustrator绘制的场景与Photoshop结合Painter的原理与绘制方式并不一样。Illustrator强调的是线条的勾绘与线条内颜色的填充，而不论是Photoshop还是Painter都在于用丰富的笔触进行堆砌，从而产生丰富多变的层次效果，然而任何绘制方式下的场景设计都要在符合画风的前提下进行设计与制作，矢量插画的场景设计依然能够加强画面气氛，增强节目的艺术感染力，起到锦上添花的效果，如图4-2所示。

图　4-2

项目流程

使用Illustrator绘制矢量插画场景的工作流程，如图4-3所示。

图　4-3

任务1　绘制天空与雪地

任务概述

使用Illustrator绘制场景时是采用钢笔尖结合颜色填充的矢量图的形式完成的。由于矢量图的呈现特性，在画面中，都是以颜色块的形式出现的。例如，一幅花的矢量图

学习单元4

形实际上是由线段形成外框轮廓，由外框的颜色以及外框所封闭的颜色决定花显示出的颜色。矢量图形可以自由、方便地填充色彩。在画面中，每个对象都是一个自成一体的实体，它具有颜色、形状、轮廓、大小和屏幕位置等属性，因此，绘制与修改都是基于以上4个属性的变化来实现的。本次任务中将利用矢量图的属性进行天空与雪地的绘制。

任务目标

1）能够掌握场景设计中合理构图的能力。
2）能够运用简易线条和色彩表现场景的能力。
3）能够运用"钢笔工具"勾画角色轮廓。
4）能够根据画面要求设置填充色的数值。
5）能够通过透明度数值的降低调整区域图形的透明度。

任务分析

矢量图现如今已经有较为广泛的应用，在互联网中有大量的矢量图卡通素材，很多素材绘制得非常概括与生动，本任务是学习绘制矢量图的开始，从如何创建画布，如何使用"钢笔工具"绘制天空和雪地，并对其进行颜色的填充。

绘制天空与雪地的工作流程，如图4-4所示。

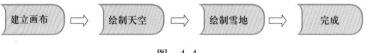

图　4-4

任务实施

1. 建立画布

打开Illustrator，执行"文件"→"新建"命令，在"新建文档"对话框中，设置画布名称为《快乐冬季》，画板数量为1，宽度为20cm，高度为15cm，单位为"厘米"，取向为横向，如图4-5所示。

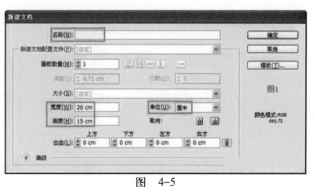

图　4-5

2．绘制天空

1）选择"渐变工具"按<Ctrl+F9>组合键打开渐变面板，设置渐变类型为线性，角度为−90，在"渐变滑块"中增加一个滑块，设置左边色块为#CDFFFF，位置0；中间色块为#8CD7FF，位置55；右边色块为#55AFFF，位置100，所有滑块中颜色的不透明度均为100，如图4-6所示。选择"矩形工具"，禁用"描边色"，绘制矩形。

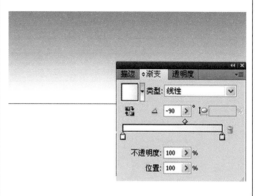

图 4-6

2）绘制出白云，如图4-7所示。

图 4-7

3．绘制雪地

1）绘制雪地的效果。选择工具栏中的"钢笔工具"，禁用填充色，描边色任意设置，如图4-8所示。

小技巧：在选择"吸管"或"油漆桶"工具时按<Alt>键可以切换"吸管工具"和"油漆桶工具"。在不需要的时候，松开<Alt>键即可。

图 4-8

2）填充颜色，地面绘制完成，如图4-9所示。 小技巧：在选中一个物体后，按<,>键、<.>键、</>键可以切换工具箱下方的3种填充类型，分别代表实色填充、渐变填充、无填充三种类型。	 图 4-9
3）在画面中单击鼠标右键，在弹出的快捷菜单中，选择"排列"→"置于底层"命令，排列各层，如图4-10所示。	 图 4-10
4）对图层顺序进行调整，并整体调色，如图4-11所示。	 图 4-11

任务评价

评 价 内 容	分 值	评 价 标 准	自 评 分 数
合理对画面进行构图	20	能够将构图分为雪地，天空和寒风，同时3部分位置合理，关系和谐	
掌握"钢笔工具"的使用方法	30	能够熟练地掌握"钢笔工具"的使用方法，进行勾线与修改	
掌握"填充颜色工具"的使用方法	30	能够熟练使用"填充颜色工具"，正确使用不透明度	
勾画简易造型并修改	20	绘制造型具有典型性，能够调整造型的形态	

1. 关于矢量图

矢量图是根据几何特性来绘制图形的，矢量可以是一个点或一条线，矢量图只能靠软件生成，文件占用空间较小，因为这种类型的图像文件包含独立的分离图像，可以自由无限制地重新组合。矢量图的特点是放大后图像不会失真，和分辨率无关，适用于图形设计、文字设计和一些标志设计、版式设计等。

矢量图也称为"面向对象的图像"或"绘图图像"，是计算机图形学中用点、直线或者多边形等基于数学方程的几何图元表示图像。矢量图形最大的优点是无论放大、缩小或旋转等不会失真；最大的缺点是难以表现色彩层次丰富的逼真图像效果。

既然每个对象都是一个自成一体的实体，就可以在维持它原有清晰度和弯曲度的同时，矢量图可以按最高分辨率显示到输出设备上。

矢量图以几何图形居多，图形可以无限放大，不变色、不模糊。常用于图案、标志、VI、文字等设计。常用的软件有CorelDraw、Illustrator、Freehand、XARA、CAD等。

2. 矢量图的特点

（1）分辨率无关

矢量图可以在维持它原有清晰度和弯曲度的同时，多次移动和改变它的属性，而不会影响图例中的其他对象。这些特征使基于矢量的程序特别适用于图例和三维建模，因为它们通常要求能创建和操作单个对象。基于矢量的绘图与分辨率无关。

（2）与位图的区别

矢量图与位图最大的区别是，它不受分辨率的影响。因此，在印刷时，可以任意放大或缩小图形而不会影响出图的清晰度，可以按最高分辨率显示到输出设备上。

（3）最明显的形式特征

矢量图的颜色边缘和线条的边缘是非常顺滑的，比如，一条弧度线，如果有凹凸不平的，则这种矢量图是劣质的，一个色块上面的颜色有很多小块也是劣质。高品质矢量图应该是无论是放大或者缩小，颜色的边缘也是非常顺滑，并且非常清楚，线条之间是同比例的，并且是同样粗细的，节点同样是很少的。一般来讲矢量图都是由位图仿图绘制出来的，首先有一个图，然后根据仿图绘制出来。矢量图形可以自由、方便地填充色彩。

3. 色彩模式

颜色模式是使用数字描述颜色的方式。在Illustrator中常用的颜色模式有RGB模式、CMYK模式、HSB模式和灰度模式，其特点如下。

1）RGB模式：利用红、绿、蓝三种基本颜色来表示彩色。通过调整三种颜色的比例可表示不同的颜色，例如，草绿色的RGB值为（24，147，53），白色的RGB值分别为（255，255，255）。当绘制的图形主要用于屏幕显示时，可采用此种颜色模式。

2）CMYK模式：即常说的四色印刷模式，CMYK分别代表青（Cyan）、品红（Magenta）、黄（Yellow）、黑（Black）四种颜色，它所占用的存储空间要比RGB大。

学习单元4

CMYK颜色模式的取值范围是用百分数来表示的，百分比较低的油墨接近白色，百分比较高的油墨接近黑色。

3）HSB模式：利用色相、饱和度和亮度来表现色彩。H代表色相（Hue），指物体的固有色彩，通常是以颜色名称来表示的，如红、黄、蓝等，取值范围为0°～360°；S代表饱和度（Saturation），指色彩的纯度，它的取值范围为0%（灰色）～100%（纯色）；B代表亮度（Brightness），指色彩的明暗程度，它的取值范围为0%（黑色）～100%（白色）。

4）灰度模式：具有从黑到白的256种灰度色域的单色图像，只存在颜色的灰度，没有色彩信息。其中，0级为黑色，255级为白色。

4．Illustrator界面

Illustrator界面中的功能区域，如图4-12所示。

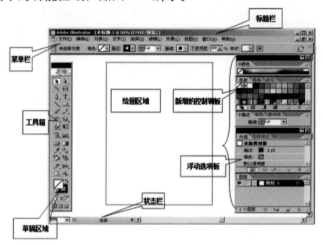

图　4-12

任务2　绘制树

任务概述

树在自然界中呈现着多种多样的相貌与姿态。在卡通影片、连环画以及插画中，树的造型都具有典型的概括性和趣味性。冬季的树由于掉光树叶后只留下树干，造型十分简单，因此，选取十分具有代表性的树干造型作为本次矢量插画的场景元素，由于冬季雪后树梢都压着积雪，在画面中树干所呈现的颜色应以树干和积雪的颜色为主，本次任务中利用矢量图的属性进行树干的绘制。

任务目标

1）能够利用简单而具有概括性的造型。

2）能够运用简易线条和色彩表现场景。

3）能够运用"钢笔工具"勾画角色轮廓。

4）能够根据画面要求设置填充色的数值。

任务分析

为了表现冬天寒冷的效果，建议将树用湖蓝色分为两种变化色进行绘制。首先绘制树干，选择"钢笔工具"，填充色禁掉，描边色任意设置。

绘制树的工作流程，如图4-13所示。

图　4-13

任务实施

1．绘制树的草稿

使用"钢笔工具"绘制树的草稿，如图4-14所示。 小技巧： 使用"平滑工具"可以改变路径的平滑度。	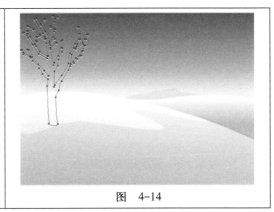 图　4-14

2．上色

使用"填充工具"进行上色，如图4-15所示。	 图　4-15

3．绘制树干上的雪

1）树干绘制完成后，使用"选择工具"选中所有的点，单击鼠标右键在弹出的快捷菜单中选择"编组"命令，将这些点编成一个组。

注意："编组"命令在绘制中很常用，因为将绘制的同一类型的放在一起便于随时修改。

继续选择"钢笔工具"来绘制树枝部分，仍然将"填充"禁用，"描边"任意设置，绘制树枝轮廓，并进行编组如图4-16所示。

图 4-16

2）为树干增加积雪，完成效果如图4-17所示。

图 4-17

3）复制树并进行适当的缩放，然后移动至后方，完成整体构图，如图4-18所示。

图 4-18

学习单元4

任务评价

评价内容	分值	评价标准	自评分数
合理对树干的造型进行构图	20	能够将树的主干分支有区分地绘制	
掌握"钢笔工具"的使用方法	30	能够熟练地掌握"钢笔工具"的使用方法，进行勾线与修改	
掌握"填充颜色工具"的使用方法	30	能够熟练使用"填充颜色工具"，正确使用不透明度	
勾画简易造型并修改	20	绘制造型具有典型性，能够调整造型的形态	

知识链接

1．路径绘

1）Illustrator不是使用像素画图，而是生成由"点"构成的图像，这样的"点"叫作"锚点"，连接"锚点"的曲线或直线，被称为"路径"。路径中的各部分名称，如图4-19所示。

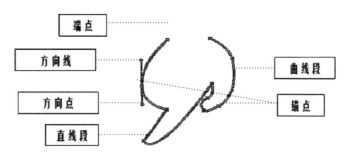

图　4-19

2）路径分为"开放路径"和"闭合路径"两种，如图4-20所示。

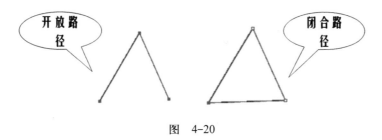

图　4-20

3）各种"锚点"的名称如图4-21所示。

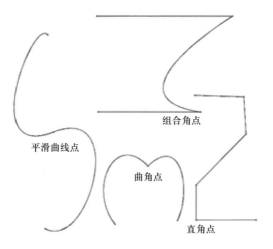

图　4-21

4) "钢笔工具"的使用方法，如图4-22所示。

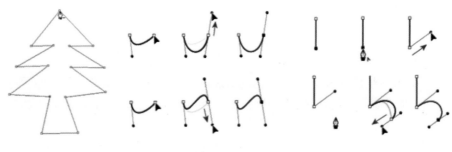

图 4-22

任务3 绘制房屋

任务概述

本任务利用矢量图来绘制房子与积雪。由于冬季下雪后房子屋顶会堆积下大量的雪，在烟囱上、窗户上都堆积着雪，要注意在房子前的积雪与其他地方的雪是不同的。

任务目标

1) 能够熟练运用"钢笔工具"勾画房子轮廓。
2) 能够运用图形和填充命令表现雪。
3) 能够根据房子的造型添加阴影。
4) 能够熟练掌握快捷键的使用。

任务分析

因为本次要完成的是房子的绘制，首先要完成房子的草稿，通过Illustrator对草稿进行绘制上色。在完成任务的过程中，要注意除对房子的绘制要有明暗色的处理外，对于房上、房下，以及房子周围的积雪也要在颜色上有相应的处理。

绘制房子与积雪的工作流程，如图4-23所示。

图 4-23

任务实施

1．绘制房子的草稿

绘制房子的草稿，如图4-24所示。	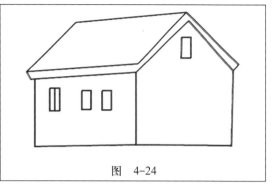 图　4-24

2．上色

确定草稿后，参考草稿中房子的形状，在画面内绘制出房子及上边的积雪，并添加阴影，如图4-25所示。	 图　4-25

3．细节刻画

1）刻画落在窗户上的积雪，如图4-26所示。	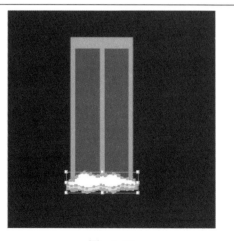 图　4-26

学习单元4

2）可以用"移动工具"进行微调，如图4-27所示。	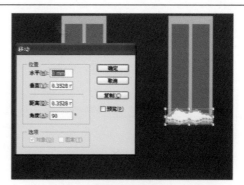 图　4-27
3）绘制烟囱上的积雪，可直接复制窗户上的积雪并进行移动，如图4-28所示。	 图　4-28
4）绘制屋子旁边的树墩以及上边的积雪，如图4-29所示。	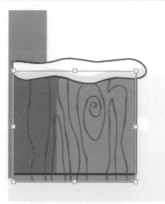 图　4-29
5）为房子前添加积雪，如图4-30所示。	 图　4-30

6）最终效果图，如图4-31所示。	图　4-31

 任务评价

评　价　内　容	分　值	评　价　标　准	自评分数
能够熟练运用"钢笔工具"勾画房子轮廓	30	能够熟练使用"钢笔"和"填充工具"准确地绘制房子	
能够运用图形和填充命令表现雪	30	能够熟练地掌握"钢笔工具"的使用方法，进行勾线与修改	
能够根据房子的造型添加阴影	20	能够根据房子的造型添加并调整阴影的形态	
能够熟练掌握快捷键的使用方法	20	能够熟练使用快捷键完成任务	

 知识链接

Illustrator常用快捷键见表4-1。

表4-1　Illustrator常用快捷键

移动工具	<V>键
直接选取工具	<A>键
钢笔工具	<P>键
添加锚点工具	<+>键
删除锚点工具	<->键
画笔工具	<B>键
切换填色和描边	<X>键
默认前景色和背景色	<D>键
切换为颜色填充	<<>键
切换为渐变填充	<>>键
切换为无填充	</>键

项目拓展

按照项目拓展绘制要求完成如图4-32所示的图画,并根据评价标准进行正确评价,见表4-2。

表4-2　项目拓展训练评价标准

项目拓展绘制要求	评 价 标 准
场景中树木花草的位置与基本态的刻画	能正确分析场景特点,完成场景的设计
能从场景的整体色调出发,用较为简单的造型和颜色体现空间纵深感,营造气氛	绘制过程中体现空间纵深感,造型准确
根据样图整体配色	根据整体色调及绘制内容选择配色方案

图　4-32

项目2　绘制角色

项目概述

在冬季雪后白茫茫旷野中玩耍的小女孩,面带微笑,在雪地中欢快地跳舞。在画面中女孩处于核心地位,是画面应该突出的主体,绘画原理与"项目1"中的步骤大致相同,增强对于造型的理解和工具的使用熟练程度。

项目目标

1)能够绘制简单而具有概括性小孩的造型,如图4-33所示。

2）能够运用图形和填充命令表现小女孩。

3）能够熟练运用"钢笔工具"勾画小女孩的服饰轮廓。

4）能够根据小女孩的造型添加阴影。

图　4-33

 项目分析

　　注意女孩的表情和动作，按从头部到身体的顺序绘制，最终整体进行调色，要将女孩在画面整体中突出，画面中女孩要注意明暗色的区别。

　　绘制小女孩的工作流程，如图4-34所示。

图　4-34

 项目实施

　　1．女孩头部的绘制

1）先用"钢笔工具"绘制轮廓，然后进行颜色填充。选择"椭圆工具"，将"填充"禁用，"描边"任意设置，绘制椭圆，如图4-35所示。	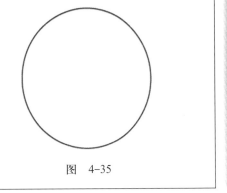 图　4-35

学习单元4

2）选中椭圆，打开渐变面板，设置渐变色类型为线性，角度为90，在"渐变滑块"中添加一个色块，设置左边色块为#FFF0D2，位置0；中间色块为#FFCD96，位置80；右边色块为#F0AA64，位置100，所有色块颜色为默认，并不透明度默认将描边色禁掉，如图4-36所示。	 图　4-36
3）选择"钢笔工具"，将"填充"禁用，"描边"任意设置，绘制头发，如图4-37所示。	 图　4-37
4）细致绘制头发，使头发有层次感，如图4-38所示。	 图　4-38
5）选择"钢笔工具"，绘制头饰，如图4-39所示。	 图　4-39
6）仍然选择"钢笔工具"，绘制眼睛，如图4-40所示。	 图　4-40

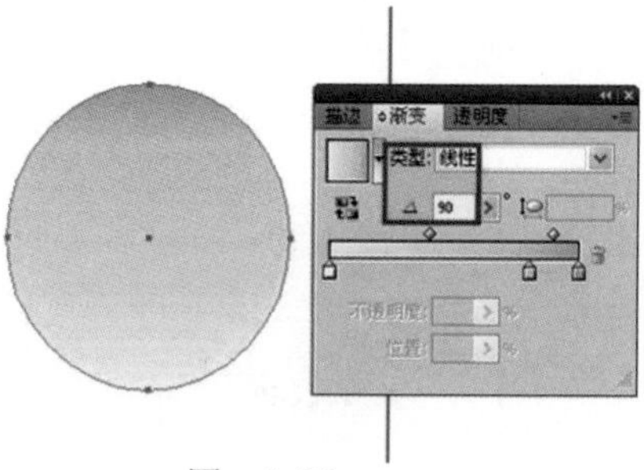

7）选择"钢笔工具"，绘制人物颈部，如图4-41所示。

图　4-41

2．绘制女孩身体

1）仍然选择"钢笔工具"绘制轮廓，然后再填充颜色就可以了，如图4-42所示。

图　4-42

2）绘制角色的手和腿部，填充颜色，如图4-43所示。

图　4-43

3）绘制人物的靴子，填充颜色，如图4-44所示。

图　4-44

4）对靴子进行细节刻化，填充颜色，如图4-45所示。

图　4-45

3．整体调整

1）对整体色调进行调整，注意明暗关系，如图4-46所示。

图　4-46

2）最终完成，如图4-47所示。

图　4-47

 项目评价

评 价 内 容	分　值	评 价 标 准	自 评 分 数
合理对小女孩的造型进行构图	20	能够塑造具有形式化和概念化的人物造型	
能够运用图形和填充命令表现人物	30	能够熟练地掌握"钢笔工具"的使用方法，进行勾线与修改	
能够熟练运用钢笔工具勾画人物服饰轮廓	30	能够熟练使用"钢笔工具"和"填充工具"准确绘制人物服饰	
能够根据人物的造型添加阴影	20	能够根据人物及服饰的造型添加并调整阴影的形态	

知识链接

利用"光晕工具" ◎ 可以绘制出带有光晕效果的图形对象。"光晕工具"的使用方法，如图4-48所示。

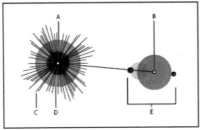

"光晕"包括中央手柄和末端手柄。 使用手柄定位光晕及其光环。 中央手柄是光晕的明亮中心 - 光晕路径从该点开始。

光晕组件
A. 中央手柄　B. 末端手柄　C. 射线（为清晰起见显示为黑色）　D. "光晕"　E. "光环"

图　4-48

1）按照项目拓展绘制要求完成如图4-49所示的插画，并根据评价标准进行正确评价，见表4-3。

表4-3 项目拓展训练评价标准

项目拓展绘制要求	评价标准
在装备的设计上，注意装备的材料要有软有硬、有简有繁、有松有紧地搭配	构图准确，画面整洁、没有污点、不凌乱
在色彩的设计上，注意主要色彩尽量少，比例要有所不同	能够完成对角色色调的配色方案
注意角色身体语言所体现出的角色特点	能正确分析人物性格特点完成人物角色的设计

图 4-49

2）商品包装插画的设计与绘制实战

请根据本单元所学知识，对如图4-50所示的商品包装进行绘制。

① 适合于内装物的形态和规格。

② 有视觉冲击力，醒目易识别，突出产品的品牌元素。

③ 设计作品应构思精巧，简洁明快，色彩协调，有独特的创意。

图　4-50

实践考核内容	学 习 情 况		
有视觉冲击力，醒目易识别，突出产品的品牌元素	优秀（　　）	良好（　　）	较差（　　）
设计作品应构思精巧，简洁明快	优秀（　　）	良好（　　）	较差（　　）
作品色彩协调，有独特的创意	优秀（　　）	良好（　　）	较差（　　）
能掌握Illustrator软件绘制方式下矢量插画的设计与制作流程	优秀（　　）	良好（　　）	较差（　　）
在绘制中对常见的问题能否自己进行解决	优秀（　　）	良好（　　）	较差（　　）
态度认真、细致、规范，能够在团队中与他人合作，有一定的协调能力	优秀（　　）	良好（　　）	较差（　　）
不迟到、不早退，中途不离开项目实施现场	优秀（　　）	良好（　　）	较差（　　）

单元总结

　　通过学习本单元中的项目，懂得Illustrator软件进行矢量插画绘制的原理，并通过练习熟练使用软件中"画笔工具""选择工具""钢笔工具""填充工具""渐变工具""不透明度工具"等的使用。

　　根据本单元绘制流程，主要步骤回顾如下：

　　第1步：掌握Illustrator绘制矢量插画的设计与制作流程。

　　第2步：熟练使用"钢笔工具"完成场景和人物造型的勾线。

　　第3步：从场景的整体色调出发，用较为简单的造型和颜色体现空间纵深感，营造气氛。

　　第4步：画出重要角色与场景的关系，确定前景色与后景色。

　　第5步：毛发质感，结构，空间的关系、色彩的深入。

　　第6步：再次进行整体的把握、局部细节的调整。

参 考 文 献

[1] 刘心美，朱晓华．网站效果图设计[M]．北京：机械工业出版社，2012．

[2] 胖鸟工作室．网页设计师就业实战大揭秘[M]．北京：科学出版社，2009．

[3] 宋文官，陈永东．电子商务网站建设与维护实训[M]．北京：高等教育出版社，2008．

[4] 智丰工作室，邓文达．美工神话：Dreamweaver+Photoshop+Flash网页设计与美化[M]．北京：人民邮电出版社，2009．

[5] 陈耕．别具光芒：Flash互动网站设计[M]．北京：人民邮电出版社，2011．